AF641915

Mathematische Mussestunden

Eine Sammlung

von

Geduldspielen, Kunststücken und Unterhaltungsaufgaben mathematischer Natur

Von

Dr. Hermann Schubert

Professor an der Gelehrtenschule des Johanneums in Hamburg

Zweite, stark vermehrte Auflage

Erster Band:

Zahl-Probleme

Leipzig

G. J. Göschen'sche Verlagshandlung

1900

Ludendo discimus.

Leibnitz.

Aus dem Vorwort zur ersten Auflage.

Die vorliegende Sammlung ist für gebildete Laien bestimmt, denen von der Arithmetik nur die allerersten Elemente bekannt zu sein brauchen. Sie behandelt, ähnlich wie die Sammlungen von Eduard Lucas und Rouse Ball, historisch und kritisch die wichtigsten von den zur Unterhaltung geeigneten Geduldspielen und Problemen mathematischer Natur. Wenn auch der Verfasser die Sammlungen von Lucas und Ball vielfach benutzt hat, so ist doch der bei weitem grösste Teil der in der vorliegenden Sammlung angestellten Erörterungen aus eigenen Studien des Verfassers hervorgegangen.

Hamburg, November 1897.

Vorwort zur zweiten Auflage.

Der schnelle Absatz der ersten Auflage der „Mathematischen Mussestunden“ zeigten dem Verfasser und Verleger, dass das Buch einem vorhandenen Bedürfnis abhilft und ermutigten sie dazu, den behandelten Stoff derartig zu vermehren, dass möglichst alle mathematischen Probleme, die zur Unterhaltung dienen, ihre kritische Besprechung finden. Dadurch ist der Umfang des Buches auf mehr als das Doppelte gewachsen, und hat eine Teilung in drei Bände wünschenswert gemacht.

Hamburg, im Mai 1899.

Hermann Schubert.

Verwandte Litteratur.

1) Bachet de Méziriac, Problesmes plaisans et délectables qui se font par les nombres. Erste Auflage: Paris 1612; Zweite Auflage: Lyon 1624; Dritte und vierte von Labosne vermehrte und verbesserte Auflage: Paris 1874 und 1879.

2) Edouard Lucas, Récréations mathématiques. I. Band: Paris 1882; II. Band: Paris 1883; III. Band: Paris 1893; IV. Band: Paris 1894.

3) Edouard Lucas, L'Arithmétique amusante, Paris 1895, nach dem Tode des Verfassers herausgegeben von H. Delannoy, C. A. Laisant und E. Lemoine.

4) W. W. Rouse Ball, Mathematical recreations and problems of past and present times, London 1892.

5) H. Schubert, Zwölf Geduldspiele, Berlin 1895, Neue Ausgabe, Leipzig 1899.

Ausserdem:

6) Cardano, De subtilitate libri XXI, Nürnberg 1550.

7) Tartaglia: Quesiti et inventioni diverse, Venetia 1554; Trattato de numeri e misure, Venetia 1556; Opere, Venetia 1606.

8) Oughtred, Mathematical Recreations, London 1653.

9) Ozanam, Récréations mathématiques et physiques, Paris 1694 mit vielen vermehrten und verbesserten Auflagen, z. B. 1723, 1803, 1840.

10) Montag, Die Wnnder der Arithmetik, Leipzig ohne Jahreszahl.

11) Mittenzwey, Mathematische Kurzweil, 3. Auflage, Leipzig 1895.

12) Grosse, Unterhaltende Probleme und Spiele in mathematischer Beziehung, Leipzig 1897.

Inhaltsverzeichnis.

Erster Band.

Zahlprobleme.

§. 1.

Erraten gedachter Zahlen.

Um eine gedachte Zahl zu erraten, lasse man mit derselben beliebige Rechnungen ausführen. Dann lasse man sich das erhaltene Resultat sagen, aus dem man die gedachte Zahl durch Lösung einer Gleichung berechnen kann, nachdem man die ausgeführten Rechnungen in arithmetischer Zeichensprache ausgedrückt hat. In den einfacheren Fällen, wo die gedachte Zahl nur anfänglich **einmal** den vorgeschriebenen Rechnungen unterworfen wird, kann das Lösen der Gleichung dadurch geschehen, dass man mit dem erhaltenen Resultat umgekehrt verfährt, wie mit der gedachten Zahl, d. h. sowohl die Reihenfolge der Rechnungsarten umkehrt, wie auch die Rechnungsarten selbst, also z. B. subtrahiert statt addiert, multipliziert statt dividiert. Durch arithmetische Umformungen lässt sich jedoch die Berechnung der gedachten Zahl aus dem Resultat kürzer gestalten. Z. B.:

1. Die gedachte Zahl werde um 5 vermehrt, die Summe mit 3 multipliziert und vom Produkt 7 subtrahiert. Erfährt man dann das erhaltene Resultat, so hat man dasselbe um 8 zu vermindern und den dritten

Teil der erhaltenen Differenz zu nehmen, um die gesuchte Zahl zu erhalten. Denn $(x + 5) . 3 - 7 = p$ ergiebt nach einander $3x + 15 - 7 = p$ oder $3x + 8 = p$ oder $3 . x = p - 8$ oder $x = (p - 8) : 3$. War z. B. 4 die gedachte Zahl, so erhält man 20 als Resultat, woraus sich die gedachte Zahl durch die Berechnung $20 - 8 = 12$, $12 : 3 = 4$ ergiebt.

2. Die gedachte Zahl werde mit 6 multipliziert, vom Produkt 5 subtrahiert, die Differenz mit 3 multipliziert, das Produkt um 1 vermehrt, die Summe durch 2 dividiert und der erhaltene Quotient um 7 vermehrt. Dann ist der neunte Teil des schliesslich erhaltenen Resultats die gedachte Zahl. Denn $[(6x - 5) . 3 + 1] : 2 + 7$ lässt sich umformen, wie folgt: $[18x - 15 + 1] : 2 + 7$ oder $[18x - 14] : 2 + 7$ oder $9x - 7 + 7$ oder $9x$. Also ist $9x$ das erhaltene Resultat, daher die gedachte Zahl x gleich dem neunten Teile des Resultats.

— Bei der Berechnung der gedachten Zahl aus dem erhaltenen Resultat kann man auch den Umstand verwerten, dass wir in unserer Zifferschrift eine Summe von Vielfachen der Zahlen 1, 10, 100 u. s. w. schreiben, wie die beiden folgenden Beispiele zeigen:

3. Die gedachte Zahl werde mit 2 multipliziert, zum Produkt 3 addiert, die Summe mit 5 multipliziert und von dem so erhaltenen Produkte 11 subtrahiert. Dann hat man vom erhaltenen Resultat nur die am Schluss stehende 4 fortzulassen, um die gedachte Zahl zu erhalten. War z. B. 7 die gedachte Zahl, so ergiebt sich durch die vorgeschriebenen Rechnungen nach einander 14, 17, 85, 74. Aus dem Resultat 74 erkennt man die gedachte Zahl 7. Die Begründung des Ver-

fahrens liefert die Umformung: $(2x + 3) . 5 - 11$ oder $10x + 15 - 11$ oder $10x + 4$.

4. Die gedachte Zahl werde mit 3 multipliziert, zum Produkt 25 addiert und die erhaltene Summe mit 4 multipliziert. Dann hat man das erhaltene Resultat nur um 100 zu vermindern und von der erhaltenen Differenz den 12ten Teil zu nehmen, um die gedachte Zahl zu erhalten. Denn $(3x + 25) . 4$ führt auf $12 . x + 100 = p$, woraus man $12x = p - 100$ oder $x = (p - 100) : 12$ erhält.

— Solche Aufgaben über Erraten von Zahlen finden sich schon in dem 1612 zuerst erschienenen klassischen Werke von Bachet „Problèmes plaisants et délectables". Da diese Bachetschen Aufgaben, obwohl sie nichts Besonderes bieten, sondern teilweise unnötig kompliziert sind, seit ihrem Erscheinen nicht aufgehört haben, immer wieder ans Tageslicht gezogen zu werden, und dadurch eine gewisse historische Berechtigung erlangt haben, so sollen drei von ihnen auch in diesem Buche Platz finden:

5. Man lasse jemand eine Zahl sich denken, dieselbe verdreifachen, und dann die Hälfte nehmen, falls dies ohne Rest ausführbar ist. Falls dies aber nicht ohne Rest ausführbar ist, lasse man vorher 1 addieren, ehe die Hälfte genommen wird. Die erhaltene Hälfte lasse man mit 3 multiplizieren, und sich das so gefundene Resultat sagen. Wenn man dieses durch 9 dividiert, und die dabei erhaltenen Ganzen mit 2 multipliziert, erhält man die gedachte Zahl, falls das anfängliche Nehmen der Hälfte ohne Rest geschehen konnte, dagegen 1 weniger als die gedachte Zahl, falls

beim Nehmen der Hälfte ein Rest geblieben war. Bei der Begründung dieses Verfahrens hat man zu unterscheiden, ob die gedachte Zahl gerade oder ungerade war. War sie gerade, so kann sie gleich $2 . n$ gesetzt werden, wo n eine beliebige ganze Zahl bedeutet. Dann erhält man durch das angegebene Verfahren nach einander:

$2n . 3 = 6n$, $6n : 2 = 3n$, $3n . 3 = 9 . n$. Die Zahl $9 . n$ ist also gleich der Zahl, die man erfährt. Man rechnet nun für sich weiter $9 . n : 9 = n$, $n . 2 = 2n$, das ist aber die gedachte Zahl. Falls die gedachte Zahl ungerade war, darf man sie gleich $2 . n + 1$ setzen, wo n eine beliebige ganze Zahl ist. Dann ergeben die vorgeschriebenen Rechnungen nach einander: $(2n + 1) . 3 = 6n + 3$, $6n + 3 + 1 = 6n + 4$, $(6n + 4) : 2 = 3n + 2$, $(3n + 2) . 3 = 9n + 6$. Man erfährt also die Zahl $9 . n + 6$. Dividiert man durch 9, so erhält man die Zahl n als die Ganzen der Division. Durch Multiplikation mit 2 und Addition von 1 erhält man die gedachte Zahl $2 . n + 1$.

— Bei der folgenden Aufgabe von Bachet muss man sogar unterscheiden, ob die gedachte Zahl bei der Teilung durch 4 den Rest 0, 1, 2 oder 3 lässt:

6. Man lasse die gedachte Zahl verdreifachen. Dann lasse man von der so erhaltenen Zahl oder von der um 1 grösseren die Hälfte nehmen, je nachdem beim Verdreifachen eine gerade oder eine ungerade Zahl erschienen war. Die erhaltene Hälfte lasse man wieder verdreifachen, und von dem Dreifachen oder der um 1 grösseren Zahl die Hälfte nehmen, je nachdem eine gerade oder ungerade Zahl erschienen war. Dann

lasse man sich die Ganzen sagen, die bei der Division jener Hälfte durch 9 entstehen. Die so erfahrene Zahl hat man durch 4 zu dividieren, und zu dem erhaltenen Quotienten nichts oder 1 oder 2 oder 3 zu addieren, um die gedachte Zahl zu erhalten. Man hat nämlich nichts zu addieren, falls bei beiden Verdreifachungen gerade Zahlen erschienen waren, 1 zu addieren, falls nur bei der ersten Verdreifachung eine ungerade Zahl erhalten war, 2 zu addieren, falls dies nur bei der zweiten Verdreifachung geschehen war, und 3 zu addieren, falls bei beiden Verdreifachungen ungerade Zahlen gekommen waren. Zum Beweise dieses Verfahrens hat man zu unterscheiden, ob die gedachte Zahl bei der Teilung durch 4 den Rest 0, 1, 2, oder 3 ergiebt, d. h., ob sie gleich $4 . n$ oder gleich $4 . n + 1$ oder gleich $4 . n + 2$ oder gleich $4 . n + 3$ zu setzen ist, wo immer n eine beliebige ganze Zahl bedeutet. a) Aus $4 . n$ entsteht durch die angegebenen Rechnungen nach einander: $12n$, $6n$, $18n$, $9n$, n, woraus man dann schliesst, dass $4 . n + 0 = 4n$ die gesuchte Zahl ist; b) aus $4n + 1$ entsteht: $12n + 3$, $12n + 4$, $6n + 2$, $18n + 6$, $9n + 3$, n, woraus man $4 . n + 1$ für die gedachte Zahl schliesst; c) aus $4n + 2$ entsteht: $12n + 6$, $6n + 3$, $18n + 9$, $18n + 10$, $9n + 5$, n, woraus man $4n + 2$ schliesst; d) aus $4n + 3$ entsteht: $12n + 9$, $12n + 10$, $6n + 5$, $18n + 15$, $18n + 16$, $9n + 8$, n, woraus man $4n + 3$ schliesst.

— Das dritte Beispiel von Bachet ist einfacher, als die beiden soeben wiedergegebenen, weil bei ihm die Unterscheidung von gerade und ungerade nicht vorkommt.

7. Man lasse die gedachte Zahl verdoppeln, dann 5 addieren, dann mit 5 multiplizieren, dann 10 addieren, dann mit 10 multiplizieren. Das erhaltene Produkt lasse man sich sagen. Zieht man von der so erfahrenen Zahl 350 ab, so bilden die Hunderter des entstandenen Restes die gedachte Zahl. Denn $[(2x + 5) . 5 + 10] . 10$ giebt $[10x + 25 + 10] . 10$ oder $[10x + 35] . 10$ oder $100x + 350$. Diese Zahl erfährt man. Zieht man von ihr 350 ab, so erhält man $100 . x$, d. h. eine Zahl, deren Hunderter die gedachte Zahl darstellen.

— Ein solches Erraten gedachter Zahlen muss demjenigen, der gar nichts von Algebra versteht, noch rätselhafter erscheinen, wenn man die gedachte Zahl selbst nicht bloss anfänglich, sondern auch nachher noch ein oder mehrere Male in die Rechnung hineinzieht, wie folgende Beispiele zeigen:

8. Die gedachte Zahl werde um 3 vermehrt, die Summe mit 6 multipliziert, das Produkt um 3 vermindert, die erhaltene Differenz dann aber noch um die anfänglich gedachte Zahl vermindert; endlich werde noch der erhaltene Unterschied durch 5 dividiert, was immer möglich sein muss. Das so erhaltene Resultat lasse man sich sagen. Um aus ihm die gedachte Zahl zu finden, hat man es nur um 3 zu vermindern. Denn der Ausdruck $[(x + 3) . 6 - 3 - x] : 5$ ergiebt durch arithmetische Umformung $x + 3$. War z. B. 19 die gedachte Zahl, so erhält man durch die angegebenen Rechnungen nach einander die Zahlen 22, 132, 129, 110, 22. Erfährt man nun die Zahl 22 als letztes Resultat, so hat man 22 um 3 zu vermindern, um die gedachte Zahl zu erhalten.

9. Das Vierfache der gedachten Zahl lasse man um 3 vermindern, die erhaltene Differenz mit 6 multiplizieren, zu dem erhaltenen Produkte erst 3 und dann noch die gedachte Zahl addieren, die erhaltene Summe durch 5 dividieren und zu dem erhaltenen Quotienten das Dreifache der Zahl addieren, die um 1 grösser ist, als die gedachte Zahl. Dann lasse man sich das Resultat nennen. Der achte Teil desselben ist immer die gedachte Zahl. Denn der Ausdruck $[(4x - 3) . 6 + 3 + x] : 5 + 3 (x + 1)$ ergiebt durch Vereinfachung nach einander $(25x - 15) : 5 + 3x + 3$ oder $5x - 3 + 3x + 3$ oder $8x$. War z. B. 11 die gedachte Zahl, so erhält man durch die angegebenen Rechnungen nach einander 44, 41, 246, 249, 260, 52, dann $52 + 3 . (11 + 1) = 52 + 3 . 12 = 52 + 36 = 88$. Dieses Resultat ergiebt aber die gedachte Zahl 11, wenn man es durch 8 dividiert.

10. Die gedachte Zahl werde erstens um 2 vermehrt und die Summe mit 3 multipliziert, zweitens um 4 vermehrt und die Summe mit 5 multipliziert, drittens um 6 vermehrt und die Summe mit 7 multipliziert. Von der Summe der erhaltenen drei Resultate lasse man noch 8 abziehen und die Differenz durch 15 dividieren. Dann lasse man sich das durch diese Division erhaltene Resultat sagen. Vermindert man es um 4, so erhält man die gedachte Zahl. Denn $3 (x + 2) + 5 (x + 4) + 7 (x + 6)$ ergiebt durch Lösen der Klammern und Zusammenfassen: $15x + 68$. Ferner ergiebt dann $[15x + 68 - 8] : 15$ den Ausdruck $x + 4$. Daher ist x um 4 kleiner als das erfahrene Resultat.

— Wenn der Ratende Arithmetik und Algebra

versteht, so kann er es auch demjenigen, der sich die zu ratende Zahl gedacht hat, ganz **überlassen**, welche Rechnungsarten er nach einander anwenden will und mit welchen Zahlen er es thun will. Nur muss ihm der, der die Zahl gedacht hat, angeben, welche Zahl er addiert, subtrahiert, multipliziert oder zum Divisor benutzt. Dann wird der Ratende die gedachte Zahl x nennen und aus den gehörten Angaben eine Gleichung zusammenstellen. Durch Lösung derselben erhält er dann die gesuchte Zahl x, die er raten wollte. Dabei darf die gedachte Zahl auch eine negative Zahl oder ein Bruch sein. Ebenso dürfen die zum Rechnen verwandten Zahlen auch negativ oder gebrochen sein. Wenn dann aber die gedachte Zahl mehr als einmal in die Rechnung hineingezogen wird, so kann es kommen, dass die zur Auffindung der gedachten Zahl dienende Gleichung von höherem als dem ersten Grade wird und daher die Lösung der Gleichung schwieriger wird. In einfachen Fällen und bei kleinen Zahlen wird es freilich leicht sein, die Zahl x zu raten, die die entstandene Gleichung richtig macht. Hier nur noch zwei Beispiele für den Fall, dass die Gleichung, welche die gedachte Zahl liefert, vom zweiten Grade wird.

11. Man lasse die gedachte Zahl mit der um 1 grösseren multiplizieren, vom Produkte die gedachte Zahl subtrahieren und sich den erhaltenen Rest nennen. Die Quadratwurzel aus demselben ergiebt die gedachte Zahl. Denn $x(x + 1) - x$ ergiebt $x^2 + x - x$, d. h. x^2. War z. B. 29 die gedachte Zahl, so erfährt man die Zahl 841 als Resultat. Die Quadratwurzel aus 841 ergiebt 29 als die gedachte Zahl.

12. Derjenige, der sich eine Zahl gedacht hat, und dem es ganz überlassen ist, wie er damit rechnen will, giebt an, dass er das Doppelte der gedachten Zahl zu 17 addiert hat, die erhaltene Summe mit der gedachten Zahl multipliziert hat und auf solche Weise zu der Zahl 135 gelangt ist. Der Ratende hat dann anzusetzen: $(17 + 2x)x = 135$, woraus er $2x^2 + 17x = 135$ und daraus $4x^2 + 34x = 270$ folgert. Um anfänglich Brüche zu vermeiden, wird er diese Gleichung mit 4 multiplizieren, woraus $16x^2 + 136x = 1080$ folgt. Durch Addition des Quadrats des achten Teils von 136, also der Zahl 17, ergiebt sich dann: $(4x)^2 + 2 . 4x . 17 + 17^2 = 1369$. Die Quadratwurzel aus 1369 ergiebt 37, so dass links das Quadrat von $4x + 17$, rechts das von 37 erschienen ist, woraus folgt $4x + 17 = 37$ oder $4x + 17 = -37$ ist. Im ersten Falle ergiebt sich 5 als gedachte Zahl. Der zweite Fall ergiebt $x = -13^1/_2$, so dass, wenn auch eine negative gebrochene Zahl gedacht sein könnte, der Ratende zweifelhaft sein muss, ob die Zahl 5 oder die Zahl $-13^1/_2$ gedacht war.

— Bisher war immer nur vorausgesetzt, dass eine einzige Zahl gedacht ist. Sind zwei oder mehr Zahlen gedacht, so führt die Auffindung derselben auf ein System von zwei oder mehr Gleichungen mit ebensoviel Unbekannten. Sind mehr Zahlen gedacht, als Angaben darüber gemacht werden, so führt die Lösung auf sogenannte diophantische Gleichungen. Die darauf führenden Probleme sollen jedoch zunächst ausgeschlossen bleiben. Dagegen soll hier der Fall erwähnt werden, dass z w e i Zahlen gedacht sind und auch zwei Angaben darüber vorliegen, sowie, dass drei Zahlen gedacht sind und drei Angaben darüber vorliegen. Einige Beispiele einfachster Natur folgen hier:

13. Man lasse sich die Summe und die Differenz zweier gedachter Zahlen angeben. Von den beiden Resultaten, die man so erfährt, nehme man die halbe Summe und die halbe Differenz. Dann hat man die gedachten Zahlen. Denn $x + y = a$ und $x - y = b$ ergeben durch Addition $2x = a + b$ oder x gleich der Hälfte von $a + b$. Ferner erhält man durch Subtraktion $2y = a - b$ oder y gleich der Hälfte von $a - b$.

14. Man erfahre, dass derjenige, der sich zwei Zahlen gedacht hat, 43 bezw. 47 erhalten hat, je nachdem er nämlich das Vierfache der ersten mit dem Fünffachen der zweiten Zahl addiert hat, oder umgekehrt das Fünffache der ersten mit dem Vierfachen der zweiten Zahl addiert hat. Man hat dann anzusetzen $4x + 5y = 43$ und $5x + 4y = 47$. Durch Addition beider Gleichungen kommt $9x + 9y = 90$ oder $x + y = 10$ oder $4x + 4y = 40$, sowie $5x + 5y = 50$. Subtrahiert man nun $4x + 4y = 40$ von $4x + 5y = 43$, so erhält man $y = 3$. Subtrahiert man ferner $4x + 5y = 43$ von $5x + 5y = 50$, so erhält man $x = 7$. Also sind 7 und 3 die beiden gedachten Zahlen.

15. Von drei gedachten Zahlen lasse man die erste und zweite, die erste und dritte, sowie die zweite und dritte addieren. Man hört, dass dadurch die Summen 13, 18, 21 erhalten sind. Man setzt dann an: $x + y = 13$, $x + z = 21$, $y + z = 18$. Man addiere alle drei Gleichungen. Dann erhält man $2x + 2y + 2z = 52$ oder $x + y + z = 26$. Subtrahiert man von dieser Gleichung jede der drei angesetzten Gleichungen, so

erhält man $x = 8$, $y = 5$, $z = 13$ als die gedachten drei Zahlen. Wenn also überhaupt bei drei gedachten Zahlen die Summe je zweier angegeben wird, so hat man von der Hälfte der Summe der drei angegebenen Resultate jedes einzelne Resultat zu subtrahieren, um die drei gedachten Zahlen zu erhalten.

— Für den Laien gestalten sich solche auf Raten von Zahlen bezüglichen Aufgaben dadurch oft fesselnder, dass die Zahlen sich auf Dinge beziehen, die den Ratenden persönlich besonders angehen, wie etwa die Zahl der Geldstücke, die er bei sich hat, die Zahl seiner Zähne, das Datum seines Geburtstages, sein Geburtsjahr, sein Alter, die Zahlen, die er gewürfelt hat, u. s. w. Von solchen eingekleideten Zahlen-Rate-Aufgaben hier nur ein Beispiel:

16. Man bitte denjenigen, dessen Alter man raten will, von der Zahl, die sein Alter in Jahren ausdrückt, die Quersumme (Summe der Ziffern) anzugeben. Darauf bitte man ihn, die betreffende Zahl umzukehren, d. h. die Zehner zu Einern und die Einer zu Zehnern zu machen, und dann den Unterschied zwischen der ursprünglichen und der umgekehrten Zahl zu sagen. Um aus den beiden so erhaltenen Angaben das Alter zu bestimmen, dividiere man die zu zweit angegebene Zahl durch 9, was immer ohne Rest möglich ist. Den erhaltenen Quotienten hat man dann zur Quersumme zu addieren und von der Quersumme zu subtrahieren. Die Hälften der in beiden Fällen erhaltenen Resultate stellen die Ziffern der Zahl dar, die das Alter angiebt. Erfährt man z. B. 11 als Quersumme und 63 als Differenz, so hat man 63 durch 9 zu dividieren, und die erhaltene

Zahl 7 zu 11 zu addieren und von 11 zu subtrahieren. So erhält man 18 und 4, deren Hälften 9 und 2 sind. Die Entscheidung, ob das Alter dann 29 oder 92 Jahre beträgt, wird, wenn nicht auf andere Weise, dadurch herbeigeführt, dass man sich sagen lässt, ob die ursprüngliche Zahl oder die durch Umkehrung der Ziffern entstandene Zahl die grössere war.

§ 2.

Vorauswissen erhaltener Resultate.

— Wenn man jemand, der sich eine Zahl gedacht hat (vgl. § 1), vorschreibt, wie er mit der Zahl weiter rechnen soll, so lässt es sich so einrichten, dass die gedachte Zahl sich bei der Berechnung forthebt, wobei natürlich vorausgesetzt wird, dass man die gedachte Zahl nicht allein anfänglich, sondern auch nachher noch mindestens einmal in die Rechnung hineinzieht. Die Berechnung des entstandenen Ausdrucks, der ausser der sich forthebenden gedachten Zahl x, nur noch bestimmte Zahlen enthält, führt dann zu einem Resultate, das derjenige, der sich die Zahl gedacht hat, auch erhalten haben muss, so dass man ihm sein Resultat sagen kann, wie folgende Beispiele zeigen:

1. Man lasse die gedachte Zahl verdreifachen, zu dem Dreifachen 2 addieren, die Summe mit 4 multiplizieren, zum Produkte 4 addieren, die Summe durch 12 dividieren, und vom Quotienten die gedachte Zahl subtrahieren. Dann weiss man, dass der, der sich die Zahl gedacht hat, die Zahl 1 erhalten haben muss, gleichviel, welche Zahl er sich gedacht hat. Denn $(3x + 2) . 4 + 4$ ergiebt $12x + 8 + 4$ oder $12x + 12$, dies durch 12 dividiert ergiebt $x + 1$. Subtrahiert man aber x von $x + 1$, so muss immer 1 herauskommen, gleichviel, wie gross x ist. War z. B. 7 die gedachte Zahl, so wurden nacheinander folgende Zahlen

erhalten 21, 23, 92, 96, 8, 1. War 9 die gedachte Zahl, so ergab sich: 27, 29, 116, 120, 10, 1.

2. Die gedachte Zahl werde um 5 vermehrt, die Summe mit 18 multipliziert, vom Produkte das Dreifache der gedachten Zahl subtrahiert, die Differenz durch 15 dividiert und vom Quotienten die gedachte Zahl subtrahiert, so ergiebt sich immer 6, gleichviel welche Zahl gedacht war. Denn $[(x + 5) . 18 - 3x] : 15 - x = [18x + 90 - 3x] : 15 - x = [15x + 90] : 15 - x = x + 6 - x = 6$. War z. B. 13 die gedachte Zahl, so ergab sich nacheinander: 18, 324, 285, 19, 6. War 45 die gedachte Zahl, so erhielt man: 50, 900, 765, 51, 6.

3. Die beiden Zahlen, von denen die eine um 3, die andere um 4 grösser ist, als die gedachte Zahl, lasse man mit einander multiplizieren, das Produkt vervierfachen und zu diesem Vierfachen 1 addieren. Aus der erhaltenen Summe lasse man die Quadratwurzel ziehen und von derselben das Doppelte der gedachten Zahl subtrahieren. Dann erhält man immer 7. Denn $4(x + 3)(x + 4) + 1$ ergiebt $4x^2 + 28x + 49 = (2x + 7)^2$. Also liefert die Quadratwurzel-Ausziehung $2x + 7$. Subtrahiert man aber $2 . x$ von $2 . x + 7$, bleibt immer 7 übrig, gleichviel wie gross x war. War etwa 96 die gedachte Zahl, so hat man zu rechnen: 99 mal 100, also 9900, woraus dann durch Vervierfachung 39600 hervorgeht. Dann ist die Quadratwurzel aus 39601 zu ziehen. Dieselbe ergiebt 199. Wenn man dann von diesem Resultat das Doppelte der gedachten Zahl, also 192 abziehen lässt, wird in der That die Zahl 7 erhalten.

---

§. 3.

Merkwürdige Zifferfolgen.

Die Welt der Zahlen birgt mannigfache Eigenschaften, die dem Laien wie ein Wunder erscheinen müssen, während sie dem Arithmetiker, weil er diese Eigenschaften beweisen kann, als selbstverständlich erscheinen. Hier sollen einige Eigenschaften behandelt werden, bei denen die Reihenfolge der aufeinanderfolgenden Ziffern massgebend ist.

Die sechsziffrige Zahl

142857

hat die merkwürdige Eigenschaft, dass die Reihenfolge ihrer Ziffern sich nicht ändert, wenn man sie mit 2, 3, 4, 5 oder 6 multipliziert, wobei man die erste Ziffer als auf die letzte folgend ansehen muss. In der That giebt das

Zweifache: 285714;
Dreifache: 428571;
Vierfache: 571428;
Fünffache: 714285;
Sechsfache: 857142.

Nimmt man weiter das Siebenfache, so erhält man eine Zahl, die aus lauter Neunen besteht. Multipliziert man mit einer Zahl, die grösser als 7 ist, so erhält man eine Zahl die aus mehr als sechs Ziffern besteht. Wenn man dann die Zahl, die den sechs letzten Ziffern vorangeht, zu der Zahl addiert, die aus den sechs letzten Ziffern besteht, so erhält man wiederum dieselbe Zifferfolge wie oben, also immer eine der sechs Zahlen 142857 oder 428571 oder 285714 oder 857142 oder 571428 oder 714285. Beispielsweise multiplizieren wir die ursprüngliche Zahl 142857 mit 24, so erhalten wir 3428568. Die den sechs letzten Ziffern vorangehende Zahl ist 3. Addieren wir dieselbe zu der Zahl 428568, die aus den sechs letzten Ziffern besteht, so ergiebt sich 428571, also eine Zahl, die dieselbe Zifferfolge hat, wie die ursprüngliche Zahl 142857, wenn man die erste Ziffer 1 als auf die letzte 7 folgend ansieht. Nur wenn man mit einem Vielfachen von 7 multipliziert, erhält man auf dieselbe Weise eine Zahl, die sich aus sechs Neunen zusammensetzt. Multipliziert man z. B. mit 42, so erhält man zunächst 5999994, und da diese Zahl 7 Ziffern hat, soll man die, von rechts gerechnet, siebente Ziffer 5 zu 999994 addieren, was in der That auf 999999 führt.

Diese wunderbare Eigenschaft der Zahl 142857 erkennt man als sehr natürlich, wenn man daran denkt, dass 142857 die Periode der Dezimalbruch-Entwickelung des Bruches $\frac{1}{7}$ ist. Entwickelt man $\frac{1}{7}$ in einen Dezimalbruch, so erscheinen nacheinander die Reste 3, 2, 6, 4, 5, 1, die man immer mit zehn zu multiplizieren hat, um den folgenden Quotienten zu erhalten. Dadurch erscheinen 4, 2, 8, 5, 7, 1 als Quotienten. Folglich muss der Bruch $\frac{3}{7}$ die Periode 428571, $\frac{2}{7}$ die Periode

285714, $\frac{6}{7}$ die Periode 857142 u. s. w. haben. Nun ist aber andrerseits $\frac{3}{7}$ das Dreifache von $\frac{1}{7}$, $\frac{2}{7}$ das Zweifache von $\frac{1}{7}$, $\frac{6}{7}$ das Sechsfache von $\frac{1}{7}$ u. s. w. Hiermit ist aber die erwähnte Eigenschaft der Zahl 142857 als natürlich nachgewiesen, für den Fall, dass der Multiplikator kleiner als 7 ist. Multipliziert man $\frac{1}{7}$ mit 7, so erscheint die Zahl 1; 1 ist aber andrerseits gleich dem periodischen Dezimalbruch, der aus lauter Neunen besteht. Wie zu verfahren ist, wenn der Multiplikator grösser als 7 ist, geht aus dem folgenden Beispiel hervor, wo 24 als Multiplikator gewählt ist. Dast der Bruch $\frac{1}{7}$ einem periodischen Dezimalbruch gleich ist, dessen Periode 142857 ist, lässt sich arithmetisch so ausdrücken:

$$\frac{1}{7} = \frac{142857}{10^6} + \frac{142857}{10^{12}} + \frac{142857}{10^{18}} + \ldots$$

Multipliziert man nun mit 24, so erhält man:

$$3\frac{3}{7} = 3 + \frac{428568}{10^6} + \frac{3}{10^6} + \frac{428568}{10^{12}} + \frac{3}{10^{12}} + \ldots.$$

Man sieht also, dass man die den letzten sechs Ziffern voranstehende 3 zu der Zahl, die aus den letzten sechs Ziffern besteht, addieren muss, um wiederum eine Zahl mit derselben Zifferfolge zu erhalten.

Aus der voranstehenden Begründung geht hervor, dass die merkwürdige Eigenschaft der Zahl 142857 jeder (p—1)-ziffrigen Zahl zukommen muss, die die Periode der Dezimalbruch-Entwickelung von $\frac{1}{p}$ ist, wo p Primzahl ist. Um weitere solche Zahlen zu finden, müssen wir also Primzahlen p von der Eigenschaft bestimmen, dass der Dezimalbruch, der gleich $\frac{1}{p}$ ist, eine Periode mit p — 1 Ziffern hat. Die kleinste von solchen Zahlen ist 7, dann folgen 17 und 19. Die Dezimalbruch-Entwickelung von $\frac{1}{17}$ ergiebt eine Periode von 16 Stellen, nämlich:

0588235294117647.

Betrachtet man diese Periode als eine Zahl für sich, so hat dieselbe die nämliche Eigenschaft, wie 142857, falls man die 0, mit der die Periode beginnt, mit zur Zahl hinzurechnet, so dass die Zahl also nicht als fünfzehnziffrig sondern als sechzehnziffrig betrachtet wird. Man kann dann die Zahl mit einem ganz beliebig gewählten Multiplikator multiplizieren, immer wird eine Zahl mit derselben Zifferfolge wiedererscheinen. Multipliziert man z. B. mit 4, so erhält man:

2352941176470588.

Multipliziert man mit 17, so erscheinen wieder lauter Neunen. Multipliziert man mit einer Zahl, die grösser als 17 ist, so hat man die den 16 letzten Ziffern voranstehende Zahl zu der aus diesen 16 Ziffern bestehenden Zahl zu addieren, um wieder eine Zahl mit derselben Ziffernfolge zu erhalten. Multipliziert man z. B. mit 44, so erhält man zunächst

25882352941176468.

Die den 16 letzten Ziffern voranstehende Zahl 2 zu 5882352941176468 addiert, ergiebt

5882352941176470,

eine Zahl mit derselben Zifferfolge, wie die ursprüngliche Zahl.

Wenn man ferner $\frac{1}{19}$ in einen Dezimalbruch entwickelt, so erhält man eine 18stellige Periode, die von der folgenden 18ziffrigen Zahl gebildet wird:

052631578947368421.

Diese Zahl, bei welcher die den Anfang bildende Null mit zur Zahl gerechnet werden muss, hat wiederum die Eigenschaft, dass sie durch Multiplikation mit irgend einem beliebig gewählten Multiplikator immer wieder zu einer Zahl mit derselben Zifferfolge führt. Multipliziert man z. B. mit 13, so erhält man:

684210526315789473.

Derartiger Zahlen, wie die drei besprochenen, welche von $\frac{1}{7}$, $\frac{1}{17}$, $\frac{1}{19}$ herrühren, giebt es natürlich unzählig viele, indem alle Brüche $\frac{1}{p}$, bei denen die Periode der Dezimalbruch-Entwickelung p — 1 Stellen hat, eine solche Zahl hervorrufen müssen. Man bemerke, dass diese Eigenschaft nicht alle Brüche $\frac{1}{p}$ haben, bei denen p Primzahl ist, sondern nur diejenigen, für welche die Zahl 10, die Basis unserer Zifferschrift, primitive Wurzel ist, wie man sich zahlentheoretisch ausdrückt.

Wählt man eine Primzahl p von der Eigenschaft, dass der Dezimalbruch, der gleich $\frac{1}{p}$ ist, eine Periode von weniger als p — 1 Stellen hat, so giebt eine solche Periode eine Zahl, die durch Multiplikation mit gewissen Multiplikatoren zu Zahlen von gleicher Zifferfolge führen. Der Unterschied ist also der, dass nicht jede, sondern nur gewisse Zahlen zu Multiplikatoren gewählt werden dürfen. Entwickelt man z. B. $\frac{1}{13}$ in einen Dezimalbruch, so gelangt man zu der Periode 076923. Daher hat die Zahl

076923

die Eigenschaft, mit gewissen Faktoren multipliziert, zu Zahlen zu führen, die dieselbe Zifferfolge haben. Diese Faktoren sind 1, 10, 9, 12, 3, 4, sowie alle Zahlen, die um ein Vielfaches von 13 grösser sind. Multipliziert man aber die Zahl 076923 mit den Faktoren 2, 5, 6, 7, 8, 11, so erhält man

153846, 384615, 461538, 538461, 615384, 846153,

also Zahlen, die unter sich wieder dieselbe Reihenfolge der Ziffern 1, 5, 3, 8, 4, 6, 1, 5, 3 . . . darbieten. Multipliziert man mit Faktoren, die um ein Vielfaches von 13 grösser sind, als 2, 5, 6, 7, 8, 11, so erhält man Zahlen mit mehr als sechs Ziffern, aus denen man in derselben Weise wie oben sechsziffrige Zahlen mit gleicher Zifferfolge gewinnen kann. Wir erkennen also, dass sich aus der Dezimalbruch-Entwickelung von $\frac{a}{13}$ zwei sechsziffrige Zahlen gewinnen lassen von der Eigenschaft, dass die Multiplikation einer derselben mit einem beliebig gewählten Faktor zu einer Zahl führt, die dieselbe Zifferfolge hat, wie die eine oder die andere von den beiden sechsziffrigen Zahlen. Der Zahl 13 gehören also in derselben Weise zwei Zifferfolgen an, wie den Zahlen 7, 17, 19 je eine Zifferfolge angehörte.

Nehmen wir ferner die Primzahl 41 und entwickeln $\frac{1}{41}$ in einen Dezimalbruch, so gelangen wir zu einer Periode von nur fünf Stellen. Daher hat die Zahl, die diese Periode bildet, nämlich:

02439

die Eigenschaft, dass sie, mit allen denkbaren Faktoren multipliziert, zu 8 Gruppen von je fünf Ziffern führt, so dass die fünf Zahlen einer solchen Gruppe immer gleiche Zifferfolge haben, nämlich:

02439 mal			02439 mal			02439 mal			
1	giebt	02439	2	giebt	04878	3	giebt	07317	u. s. w.
10	„	24390	20	„	48780	30	„	73170	
18	„	43902	36	„	87804	13	„	31707	
16	„	39024	32	„	78048	7	„	17073	
37	„	90243	33	„	80487	29	„	70731	

Man kann nun natürlich auch eine beliebige dieser Zahlen etwa 70731, herausgreifen. Man kann dann sicher sein, dass, wenn man sie mit einem beliebigen Faktor multipliziert, man immer wieder auf eine der acht möglichen Zifferfolgen stösst, sobald man nur immer die Regel befolgt, dass die den letzten fünf Ziffern etwa noch voranstehende Zahl zu der aus diesen fünf Ziffern bestehenden Zahl addiert wird. Ganz allgemein erkennen wir also folgendes: Wenn p eine Primzahl ist, so führt die Dezimalbruch-Entwickelung aller Brüche, die p zum Nenner haben, auf g Gruppen von je $\frac{p-1}{g}$ Zahlen von solcher Eigenschaft, dass die Multiplikation irgend einer dieser Zahlen mit einem beliebigen Faktor immer wieder auf eine der p — 1 Zahlen führt, sobald man die etwa den p — 1 letzten Ziffern noch voranstehende Zahl zu der aus diesen letzten p — 1 Ziffern bestehenden Zahl addiert. Dabei haben die Zahlen in einer und derselben Gruppe gleiche Zifferfolge, wie z. B. 48780 und 80487.

Zu merkwürdigen Zifferfolgen führt auch die Dezimalbruch-Entwickelung des Bruches $\frac{1}{81}$. Die Periode derselben wird von der folgenden Zahl gebildet:

012345679.

Multipliziert man dieselbe mit 9, so erhält man eine Zahl, die aus lauter Ziffern 1 besteht, weil $\frac{9}{81} = \frac{1}{9}$ ist, und die Periode des Dezimalbruchs, der gleich $\frac{1}{9}$ ist, die Zahl 1 ist. Daraus folgt dann, dass durch Multiplikation mit jedem Vielfachen von 9 eine Zahl entsteht, die aus lauter gleichen Ziffern besteht. In der Zahl 012345679 sind alle Ziffern von 0 bis 9 ausser 8 vertreten, und zwar auch der Reihe nach. Multipliziert man nun die Zahl 012345679 mit irgend einer nicht durch 3 teilbaren Zahl, so erhält man eine Zahl, die wiederum aus allen Ziffern von 0 bis 9 mit Ausnahme einer besteht, und diese eine fehlende Zahl ist immer diejenige, welche man zu dem Faktor addieren müsste, damit eine durch 9 teilbare Zahl entsteht. Multipliziert man z. B. mit 2, so erhält man 024691358, eine Zahl, in der alle Ziffern ausser $7 = 9 - 2$ vorkommen. Multipliziert man mit 8, so erhält man die Zahl 098765432, also eine Zahl, in der alle Ziffern ausser $1 = 9 - 8$ vorkommen. Multipliziert man mit 13, so kommt eine Zahl heraus, bei der alle Ziffern ausser 5 vorkommen, weil 5 die Zahl ist, die man zu 13 addieren muss, damit die nächste durch 9 teilbare Zahl 18 entsteht. Diese Eigenschaft bleibt auch dann noch bestehen, wenn der Faktor, mit dem multipliziert wird, grösser als 81 ist. Nur muss dann, ähnlich wie bei den oben behandelten Zifferfolgen, die Zahl, die den neun letzten Ziffern vorangeht, zu der aus diesen Ziffern bestehenden Zahl addiert werden. Multipliziert man endlich die Zahl 012345679 mit einem Faktor, der durch 3, aber nicht durch 9 teilbar ist, so erhält man in den 9 Ziffern eine dreimal wiederholte dreiziffrige Zahl. Multipliziert man z. B. mit 12, so erhält man 148148148. Der Beweis dieser merkwürdigen Eigenschaften der Zahl 012345679 würde hier zuweit führen. Gesagt sei nur, dass diese Eigenschaften damit zusammenhängen, dass jene Zahl die Periode der Dezimalbruch-Entwickelung von $\frac{1}{(10-1)^2}$ ist.

In ganz andrer Weise erscheinen alle 2n-ziffrigen Zahlen merkwürdig, deren erste n Ziffern 1 heissen, deren weitere n — 1 Ziffern 5 heissen und deren letzte Ziffer 6 ist. Denn jede solche Zahl ist eine Quadratzahl, wie gross auch n sein mag. So ist:

16 das Quadrat von 4
1156 das Quadrat von 34
111556 das Quadrat von 334
11115556 das Quadrat von 3334
1111155556 das Quadrat von 33334
u. s. w.

Dieselbe Eigenschaft hat auch jede 2n-ziffrige Zahl, deren erste n Ziffern 4 heissen, deren weitere n — 1 Ziffern 8 heissen und deren letzte Ziffer 9 ist. So ist:

49	das Quadrat	von	7
4489	das Quadrat	von	67
444889	das Quadrat	von	667
44448889	das Quadrat	von	6667
4444488889	das Quadrat	von	66667

u. s. w.

Um diese Eigenschaft zu begründen und zugleich zu erkennen, ob noch andere 2n-ziffrige Zahlen dieselbe Eigenschaft haben, betrachten wir zunächst das Quadrat von

$$b = 3\,(10^a + 10^{a-1} + \ldots + 10 + 1)$$

Wir erhalten:

$$b^2 = 9\,(10^a + 10^{a-1} + \ldots + 10 + 1)^2$$

oder:

$$b^2 = (10 - 1)\,(10^a + 10^{a-1} + \ldots + 10 + 1)$$
$$\text{mal } (10^a + 10^{a-1} + \ldots + 10 + 1)$$

oder, nach bekannter Umformung:

$$b^2 = (10^{a+1} - 1)\,(10^a + 10^{a-1} + \ldots + 10 + 1)$$

oder:

$$b^2 = (10^{2a+1} + 10^{2a} + 10^{2a-1} + \ldots + 10^{a+1})$$
$$- (10^a + 10^{a-1} + \ldots + 1).$$

Nachdem diese Umformung, die wir benutzen wollen, vorauf genommen ist, gehen wir von der Identität

$$(nb + 1)^2 = n^2 b^2 + 2nb + 1$$

aus, deren rechte Seite wir auch so schreiben können:

$$n^2\,(10^{2a+1} + 10^{2a} + \ldots + 10^{a+1})$$
$$+ (6n - n^2)\,(10^a + 10^{a-1} + \ldots + 10) +$$
$$(6n - n^2 + 1).$$

Setzt man nun in diesem Ausdruck $n = 1$, so erhält man:

$$(b + 1)^2 = 1 . (10^{2a+1} + \dots 10^{a+1}) \\ + 5 . (10^a + \dots + 10) + 6,$$

woraus rechts die Zahlen 16, 1156, 111556, 11115556 u. s. w. hervorgehen, wenn man nacheinander $a = 0$, $a = 1$, $a = 2$, $a = 3$ u. s. w. einsetzt, während links $(3 + 1)^2$, $(33 + 1)^2$, $(333 + 1)^2$, $(3333 + 1)^2$ herauskommt.

Setzt man zweitens $n = 2$, so erhält man:

$$[6 (10^a + 10^{a-1} + \dots) + 1]^2 = 4 (10^{2a+1} + \dots \\ + 10^{a+1}) + 8 (10^a + \dots + 10) + 9,$$

woraus für $a = 0$, $a = 1$, $a = 2$ u. s. w. nacheinander folgt:

$$7^2 = 49,\ 67^2 = 4489,\ 667^2 = 444889 \text{ u. s. w.}$$

Setzt man n gleich 3 oder grösser als 3, so bleiben zwar unsere obigen Formeln noch richtig. Sie bilden aber dann keine Quelle mehr für merkwürdige Zahlen, weil n^2, $6n - n^2$ und $6n - n^2 + 1$ Ziffern sein müssen, also nicht grösser als 9 sein dürfen.

§ 4.

Über sehr grosse Zahlen.

Im Innern von Australien ebensowohl wie im Innern von Süd-Amerika giebt es Völkerschaften, welche Zahlen, die grösser sind als 2 oder 6, in ihrer Sprache nicht auszudrücken vermögen, weder durch besondere Zahlwörter noch durch Zusammensetzung von Wörtern für kleinere Zahlen noch auch durch Umschreibungen. Solche Völker haben überhaupt nicht das Bedürfnis, Zahlen, die grösser sind, als wesentlich verschieden aufzufassen. So erzählt Herr von den Steinen von den Baccaïri, die am Xingu, einem Nebenflusse des Amazonenstromes, wohnen, dass sie die Zahlen von 1 bis 6 durch Zusammensetzung auszudrücken vermögen, dass sie aber, veranlasst, noch grössere Zahlen zu nennen, sich in die Haare fassen, um dadurch etwas Unzählbares auszudrücken. So wird ferner von den Botokuden, die auch in Süd-Amerika zwischen dem Rio Doce und dem Rio Pardo wohnen, berichtet, dass sie sprachlich nur eins und viel unterscheiden können und dass sie daher schon für zwei und drei ein und dasselbe Wort haben. Wenn wir mit Achselzucken auf ein so geringes Bedürfnis, Zahlen auszudrücken, herabsehen, so sollten wir, kritisch gegen uns selbst, nicht vergessen, dass auch in unsrer modernen Kultur der Durchschnittsmensch nicht imstande ist, grosse Zahlen von einander zu unterscheiden, oder wenigstens nicht imstande ist, im Gebiete grosser Zahlen richtige Schlussfolgerungen zu machen. Wie dem Botokuden die Unterscheidung von zwei und drei als unwesentlich erscheint, so erscheint auch manchem modernen Kulturmenschen die Unterscheidung von einer Billion und einer Trillion als unwesentlich, oder wenigstens denkt er nicht daran, dass die eine Zahl eine Million mal so gross ist wie die andere, sich also zu ihr verhält, wie etwa die Entfernung von Berlin nach San Francisko zu der Breite einer Strasse. Dass auch unser Zahl-Bedürfnis in früheren Zeiten kleiner war als heute, erkennen wir aus der Vergleichung der Zahlwörter der indogermanischen Sprachen. Während die Zahlwörter für die Zahlen von 1 bis 100 in allen diesen Sprachen grosse Verwandtschaft zeigen, hört dies schon bei den Zahlwörtern für tausend auf. Denn *χίλιοι*, mille und tausend haben gewiss keine etymologische Verwandtschaft. Wir können hieraus schliessen, dass erst nach der Trennung der indogermanischen Völker bei ihnen das Bedürfnis entstanden ist, eine so grosse Zahl wie tausend, sprachlich auszudrücken. Was das Zahlwort „million“ anbetrifft, so soll dasselbe zuerst im Jahre 1362 gebraucht sein. Doch ist dasselbe wohl erst viel später in allgemeineneren Gebrauch gekommen. Wenigstens kennt Adam Riese, der grosse deutsche Rechenmeister, der um die Mitte des 16. Jahrhunderts lebte, das Wort „million“ noch nicht, sondern umschreibt es durch „tausend mal tausend." Noch viel später entstanden die Zahlwörter „Billionen" und „Milliarde". Das Wort Milliarde für tausend Millionen kam erst in unserm Jahrhundert in Gebrauch, und zwar zuerst in der Finanzsprache. Namentlich in der Astronomie ist die Kenntnis der Thatsache, dass eine Billion das Millionenfache einer Million ist. von Wichtigkeit. Während nämlich die Entfernungen der Planeten von der Sonne oder von einander zwischen sechs Millionen und einigen hundert Millionen Meilen variieren, betragen die Entfernungen der nächsten Fixsterne von der Sonne oder von irgend einem Punkte unsres Planeten-Systems zwischen fünf Billionen und mehreren hundert Billionen Meilen. Da aber eine Billion zu einer Million sich verhält wie eine Million zu 1, so sind alle Entfernungen zwischen den Sternen des Planeten-Systems verschwindend klein gegenüber der Entfernung der Planeten von irgend einem Fixstern. Vom Sirius aus gesehen, muss demnach nicht bloss die Sonne oder die Erde, sondern unser ganzes Planeten-System wie ein verschwindend kleiner Lichtpunkt aussehen, gerade so wie uns der Sirius erscheint, der möglicher Weise auch ein ganzes Planeten-System ist. Das Verhältnis einer Million zu einer Billion erkennt man ferner sehr deutlich, wenn man sich berechnet, dass in weniger als 2 Monaten eine Million von Sekunden vergeht, dass aber zu einer Billion von Sekunden mehr als dreissigtausend Jahre erforderlich sind, dass also das Menschengeschlecht in historischen Zeiten noch keine Billion von Sekunden erlebt hat.

Der Grund, warum wir uns bei Zahlen, die einige

hundert Millionen überschreiten, leicht irren, liegt darin, dass Handel, Industrie und Technik uns selten zu Zahlen führt, die mehr als 8 Ziffern haben, und dass man es nur in den mathematischen und physikalischen Wissenschaften nötig hat, so grosse Zahlen zu handhaben. Diese Wissenschaften haben daher eine weitergehende Wortbildung für grosse Zahlen erfordert. Für das Millionenfache einer Billion hat man das Wort Trillion gebildet. Eine Trillion wird also durch eine 1 mit 18 angehängten Nullen schriftlich dargestellt. So weitergehend gelangt man zu einer Quadrillion, die durch eine 1 mit 24 angehängten Nullen zu bezeichnen ist. So kann man, mit Benutzung der lateinischen Zahlwörter beliebig weitergehen. Man würde also unter einer Centesillion die Zahl verstehen, die die 600te Potenz von 10 ist, also durch eine 1 mit 600 angehängten Nullen dargestellt werden müsste. Doch wird man natürlich schon bei Zahlen, die mehr als eine Million betragen, es vorziehen, sie durch Potenzen von zehn näherungsweise auszudrücken. Z. B. beträgt das Gewicht der Erde zwischen 5.10^{24} und 6.10^{24} Kilogramm.

Die Thatsache, dass die Resultate der modernen exakten Wissenschaften zuerst die Bildung von Wörtern für grosse Zahlen nötig machten, könnte uns zu dem Glauben führen, dass auch kein Volk früherer Zeiten sich mit grossen Zahlen beschäftigt hat. Dies ist im grossen und ganzen richtig. Ein Volk jedoch macht hierin eine Ausnahme, nämlich die Inder. In Indien, wo auch unsere bequeme Zifferschrift erfunden wurde, gab es schon zu Buddhas Zeiten besondere Zahlwörter für alle Zahlen bis zu hunderttausendmillionen, und

Buddha selbst soll die Zahlwortbildung bis zur Zahl 10^{54} fortgesetzt haben, also bis zu der Zahl, die wir, nach Analogie der Wörter Million, Billion und Trillion, Nonillion nennen müssten. Auch aus dem alten National-Epos und den Volksmärchen der Hindus geht ihre Liebe zu grossen Zahlen unverkennbar hervor. Dort wird von einem König erzählt, der tausend Billionen Diamanten besessen haben soll. Dort ist von einer Schlacht die Rede, in der zehntausend Sextillionen Affen gekämpft haben, also mehr Affen, als in unserm Planetensystem Platz hätten, auch wenn man die Affen dicht bei einander packen würde. Dort wird ferner mitgeteilt, dass es 24000 Billionen Götter gebe, und dass Buddha 600000 Millionen Söhne gehabt hat. Ein solches Streben, das Erhabene durch grosse Zahlen auszudrücken, finden wir bei keinem andern Volke als den Hindus. Das einzige Beispiel, das im griechischen Altertum bezüglich grosser Zahlen vorkommt, ist die Sandrechnung (ψαμμίτης) des Archimedes, in der berechnet wird, wieviel Sandkörner in der Welt Platz hätten, wenn die Welt als so und soviel mal so gross wie die Erde vorausgesetzt würde. Aber Archimedes unternahm seine Sandrechnung nicht, um in grossen Zahlen zu schwelgen, sondern um zu zeigen, dass es unrichtig sei, von unzählig vielen Sandkörnern zu sprechen, und dass die Zahlenreihe nach oben hin unbegrenzt sei, wenn auch keine einfachen Zahlwörter mehr da wären, um solche Zahlen sprachlich kurz auszudrücken. Die Vorliebe der Hindus für übertrieben grosse Zahlen trat noch mehr hervor, als im vierten Jahrhundert unsrer Zeitrechnung indische Brahmapriester die moderne Zifferschrift erfanden, die darauf beruht, dass eine Ziffer, je nach der Stelle, die sie einnimmt, ihr Einfaches, ihr Zehnfaches, ihr Hundertfaches u. s. w. bedeutet, und dass die Stelle einer ganz ausfallenden Stufenzahl durch ein besonderes Zeichen, die Null, ausgefüllt wird. Dieses Prinzip, nach dem jetzt die Zahlen von allen Völkern geschrieben werden, die überhaupt eine Zifferschrift haben, ermöglicht es, mit zehn Zeichen, nämlich denen für die Zahlen von Null bis Neun, jede noch so grosse Zahl zu schreiben, was z. B. in der römischen Zifferschrift nicht möglich ist, weil in dieser immer neue Zeichen eingeführt werden müssen, wenn man immer grössere Zahlen schreiben will. Die indische Zifferschrift und die bequemen Methoden, nach denen in ihr gerechnet werden kann, drangen im achten Jahrhundert zu den Arabern, und durch diese im zehnten bis zwölften Jahrhundert zu den christlichen Völkern Europas. Doch dauerte es bis zur Zeit der Reformation, ehe die indische Zifferschrift auch im Volksrechnen feste Wurzel gefasst hatte. Nun aber erstanden im 16. Jahrhundert grosse Rechentalente, wie Adam Riese und Ludolf van Ceulen, die es verstanden, mit sehr grossen Zahlen richtige Berechnungen auszuführen. Obgleich wir heutzutage nicht eine Vorliebe für grosse Zahlen, so wie die Inder, besitzen, so wird doch unser Interesse für grosse Zahlen wachgerufen, wenn sich dieselben auf Dinge beziehen, die uns, bezüglich kleiner Anzahlen, geläufig sind. Im folgenden ist daher eine Reihe von interessanten Beispielen zusammengestellt, in denen grosse Zahlen vorkommen.

1. Das Skatspiel, in welchem bekanntlich 32 Karten unter drei Personen so verteilt werden, dass jede 10 erhält und dass zwei Karten besonders gelegt werden, führt zu der Frage, auf wievielfache Weise sich die 32 Karten in der angegebenen Weise verteilen lassen, oder mit anderen Worten, wieviel verschiedene Spiele möglich sind. Die Kombinationslehre antwortet auf diese Frage, dass die gesuchte Anzahl gleich

$$\frac{32!}{10!\,10!\,10!\,2!}$$

ist, wo immer $a!$ das Produkt aller Zahlen von 1 bis a ist. Rechnet man aus, so erhält man für die gesuchte Zahl

2753 Billionen 294408 Millionen und 204640.

Um eine Vorstellung von der Grösse dieser Zahl zu bekommen, fügen wir folgendes hinzu. Wenn die ganze lebende Menschheit nichts weiter zu thun hätte, als Tag und Nacht Skat zu spielen, und zwar so, dass immer drei zusammenspielten und ein Spiel durchschnittlich in fünf Minuten erledigten, so würden 52 bis 53 Jahre nötig sein, um zu erreichen, dass jede der durch die obige Zahl dargestellten Karten-Verteilungen durchgespielt wäre. Wenn aber allein die Bewohner Altenburgs, des Geburtslandes des Skatspiels, diese Aufgabe zu erledigen hätten, so würden sie fünf bis sechsmal hunderttausend Jahre brauchen, ehe sie sagen könnten, dass jedes denkbare Skatspiel in Altenburg gespielt sei. Wir fügen hinzu, dass unter den rund 2753 Billionen Spielen sich 655 Billionen oder 22 bis 23 Prozent befinden, bei denen wenigstens ein Wenzel (Bube) im

Skat liegt, d. h. zu den beiden besonders gelegten Karten gehört, dass aber kaum 4 Millionen Spiele oder der 700millionste Teil aller Spiele so beschaffen ist, dass einer der Mitspieler Treff Solo mit 11 Matadoren spielen kann.

2. Viel grösser als beim Skatspiel ist die Zahl aller denkbaren Verteilungsmöglichkeiten beim Whistspiel, bei welchem 52 Karten unter vier Mitspieler verteilt werden, so dass jeder 13 Karten erhält. Die gesuchte Zahl ergiebt sich durch Berechnung des Ausdrucks:

$$\frac{52!}{13!\ 13!\ 13!\ 13!}$$

Man erhält:

53 644 Quadrillionen
und 737 765 Trillionen
und 488 792 Billionen
und 839 237 Millionen
und 440 000.

Von der Grösse dieser Zahl giebt vielleicht das folgende Beispiel eine Vorstellung. Wenn die ganze Erdoberfläche, einschliesslich aller Gebirge und Oceane, mit Whisttischen so besetzt werden könnte, dass der Tisch nebst den vier Spielern immer nur 1 Quadratmeter bedeckte, und wenn dann an jedem dieser Tische unaufhörlich Whist gespielt würde, und zwar immer in je 5 Minuten ein Spiel, so würde es länger als tausend Millionen Jahre dauern, ehe auf dieser nur mit Whisttischen bedeckten Erde jede denkbare Verteilungsart der 52 Karten durchgespielt wäre.

3. In den vorangehenden beiden Beispielen führte uns die Kombinationslehre zu sehr grossen Zahlen. Nicht weniger gross werden die Zahlen, die aus geometrischen Progressionen hervorgehen. Das bekannteste Beispiel hierfür liefert die Geschichte von der Belohnung, die der Erfinder des Schachspiels erhalten sollte. Diese Geschichte, die in Indien, der Heimat des Schachspiels und der grossen Zahlen, entstanden ist, und seit Jahrhunderten in alle Arithmetikbücher Eingang gefunden hat, lautet folgendermassen. Ein König in Indien, Namens Shehram, forderte den Erfinder des Schachspiels, Namens Sessa Ebn Daher, auf, er möchte sich selbst eine Belohnung für seine Erfindung auswählen. Der Erfinder erbat darauf die Zahl der Weizenkörner, die auf ein Schachbrett kämen, wenn man auf das erste Feld eins legte, auf das zweite zwei, auf das dritte vier und so weiter auf jedes folgende Feld doppelt soviel, als auf das vorhergehende. Der König versprach ihm gern diese nach seiner Meinung sehr bescheidene Belohnung. Als die Zahl aber berechnet wurde, fand sich, dass dieselbe gleich $2^{64} - 1$ sei, oder:

18 Trillionen
und 446 744 Billionen
und 073 709 Millionen
und 551 615

betrug. Der König war nicht imstande, sein Versprechen zu halten, und wäre es auch nicht gewesen, wenn er die ganze Erde besessen hätte und sein ganzes Leben lang unaufhörlich Weizen gepflanzt und geerntet hätte.

Denn es ergiebt sich, dass, wenn man den ganzen festen Teil der Erdoberfläche gleichmässig mit Weizenkörnern bestreute, eine über neun Millimeter hohe Schicht entstehen würde, wenn man die oben genannte Anzahl von Weizenkörnern ausstreute.

4. Zu Potenzen der Zahl Zwei führt auch die Frage nach der Zahl der Ahnen, die irgend ein bestimmter, jetzt lebender Mensch A hat. Er hat 2 Eltern, also 4 Grosseltern, 8 Urgrosseltern, 16 Ururgrosseltern u. s. w. Bezeichnet man also die Eltern als Ahnen ersten Ranges, die Grosseltern als Ahnen zweiten Ranges, u. s. w., so ergiebt sich, dass A 2^n Ahnen n-ten Ranges hat. Nun kann man annehmen, dass auf ein Jahrhundert drei Generationen kommen, dass also vor hundert Jahren die Urgrosseltern von A so alt waren, wie A jetzt ist. Also haben von A jetzt vor hundert Jahren 8 Ahnen gelebt, vor zweihundert Jahren also 64, u. s. w. So erhalten wir, dass vor 1900 Jahren, also bei Beginn unsrer Zeitrechnung, 8^{19} Ahnen von A gelebt haben. Das sind aber ungefähr 144000 Billionen Menschen. Diese hätten aber auf der Erd-Oberfläche nicht Platz gehabt, selbst, wenn man annehmen wollte, dass die ganze Erd-Oberfläche, einschliesslich aller Gebirge, Oceane und Wüsten, mit den dicht aneinander gedrängten Ahnen der Person A bedeckt gewesen wäre. Denn, damit 144000 Billionen Menschen auf der Erd-Oberfläche Platz hätten, müssten auf jedem Quadratdezimeter 2 bis 3 Menschen stehen, was unmöglich ist. Wir sehen also, dass in unserer Schlussweise ein Fehler stecken muss. Man erkennt denselben, wenn man an die wenn auch nicht immer nachweisbare Verwandtschaft

der Menschen unter einander denkt. Zwar hat ein Mensch gewöhnlich noch 8 Urgrosseltern. Ob er aber 16 verschiedene Ururgrosseltern gehabt hat, wird schon zweifelhafter, da durch Heirat von Verwandten die Zahl 16 auf 14 oder noch weniger herabsinken kann. So weitergehend gelangt man dazu, dass es schon sehr unwahrscheinlich wird, dass irgend ein Mensch 2^{20} verschiedene Ahnen zwanzigsten Ranges hat. Die Zahl der Ahnen ist also nicht immer zu verdoppeln, wenn man um einen Rang zurückgeht. Jedenfalls können vor 1900 Jahren nicht mehr Ahnen von A gelebt haben, als auf der Erde Menschen existierten, und da dies sicherlich nicht über 2000 Millionen waren, so folgt schon hieraus, dass innerhalb der 1900 Jahre sehr oft unter den Ahnen von A Heiraten von Personen stattgefunden haben müssen, die, wenn auch nicht nachweisbar, mit einander verwandt waren.

5. Da die Zinseszins-Rechnung auf geometrischen Progressionen beruht, so gelangt man auch zu sehr grossen Zahlen, wenn man voraussetzt, dass während eines langen Zeitraums ein Kapital durch Zinseszins sich vermehrt. Am bekanntesten ist hierfür das Beispiel des zur Zeit von Christi Geburt auf Zinseszins gelegten Pfennigs. Dass man zu einer ungeheuren Geldsumme gelangt, wenn man sich die Verzinsung mehrere Jahrhunderte hindurch fortgesetzt denkt, kann man schon aus der folgenden Betrachtung entnehmen. Wenn man $4\frac{7}{10}$ Prozent rechnet, so ergiebt sich, dass ein Kapital sich in hundert Jahren verhundertfacht, was leicht im Gedächtnis zu behalten ist. Also wird in 200 Jahren aus einem Pfennig 100 Mark, in

300 Jahren 100^3 Mark, in 400 Jahren 100^8 Mark u. s. w., also in 1900 Jahren 100^{18} Mark, d. h. eine Sextillion Mark, d. h. zweihundertmillionen mal soviel Mark, als die Zahl, die angiebt, wieviel Gramm die Erde wiegt. Rechnet man genau 4 Prozent und nur 1875 Jahre für den Zeitraum, während dessen ein Pfennig durch Zinseszins anwachsen soll, so erhält man als schliesslich entstandenes Kapital:

865 986 Quadrillionen
und 626 476 Trillionen
und 236 508 Billionen
und 270 156 Millionen
und 786 660 Mark und 24 Pfennige.

Um eine ungefähre Vorstellung von der Grösse dieser Summe zu haben, denke man sich, dass die ganze Masse unsrer Erde aus Gold bestände, das den Feingehalt der deutschen Zwanzigmark-Stücke hätte. Dann würden 84 solcher goldenen Erdkugeln den Wert der soeben genannten Geldsumme darstellen. Rechnet man 5 Prozent statt 4 Prozent, so gelangt man zu einer noch viel grösseren Geldsumme. Um den Wert derselben darzustellen, wären sogar 5191 Millionen von solchen goldenen Erdkugeln erforderlich.

6. Wenn umgekehrt die Summe einer geometrischen Reihe, deren konstanter Quotient 1 übersteigt, gegeben ist, so überschätzen wir meist die daraus folgende Anzahl der Glieder. Hierfür das folgende Beispiel. Um 9 Uhr morgens werde ein Mord entdeckt. Der Entdecker teile die Nachricht darüber innerhalb der

Viertelstunde zwischen 9 und $9\frac{1}{4}$ Uhr drei Personen mit. Wir wollen weiter annehmen, dass jede dieser drei Personen innerhalb der nächsten Viertelstunde drei neuen Personen die Nachricht mitteilt, und dass dies so fortgesetzt werden könnte, indem jeder, der die Nachricht gehört hat, immer in einer Viertelstunde drei Personen findet, denen die Nachricht noch neu ist, und die sie nun von ihm erfahren. Wenn es möglich wäre, dass die Nachricht an jeden von den 1500 bis 1700 Millionen die Erde bewohnenden Menschen nur auf die angegebene Weise gelangen könnte, so würde schon am selben Tage nachmittags $1\frac{3}{4}$ Uhr jeder Erdbewohner die Nachricht erfahren haben. Denn nach 19 Viertelstunden haben die Nachricht soviel Menschen erhalten, wie die Summe der folgenden Reihe angiebt:

$$1 + 3 + 3^2 + \ldots . 3^{19}.$$

Die Summe dieser Reihe ist aber $\frac{1}{2}$ $(3^{20} - 1)$ oder

1743 Millionen 392 200,

also mehr als 1700 Millionen.

7. Die Methoden, welche dazu dienen, die Lichtstärke zu messen, haben ergeben, dass die Wirkung des Sonnenlichtes auf der Erde ebenso gross ist, wie die Wirkung von 60 000 Stearinkerzen auf einen Punkt ist, der nur 1 Meter Abstand hat. Da man nun weiss, dass die Lichtwirkung umgekehrt proportional dem Quadrate der Entfernung stattfindet, so kann man berechnen, wieviel Stearinkerzen dort, wo die Sonne sich befindet, brennen müssten, damit ihre Wirkung auf der Erde

dieselbe wäre, wie die der Sonne. Es ergiebt sich ungefähr die Zahl von

1350 Quadrillionen

Kerzen. Da die Erde aber nur 5 Quadrillionen Kilo wiegt, so würde die Erde, auch wenn sie nur aus Stearin bestände, nicht ausreichen, um die genannte Anzahl von Stearinkerzen herzustellen.

8. Im Zeitalter der Bakterien ist es wohl auch interessant, zu erfahren, wieviel Bakterien höchstens auf der Erde Platz haben. Wir denken uns zu diesem Ende die Umgebung der Erdrinde als einen Kugelring, dessen äussere Kugel 869 Meilen Radius hat, während die innere Kugel nur 860 Meilen Radius hat. Für das Volumen dieses Kugelringes ergeben sich 35300 Quadrillionen Kubikmillimeter. Nehmen wir nun an, dass durchschnittlich in jedem Kubikmillimeter eine Million Bakterien hausen, so ergiebt sich, dass unmöglich mehr als 35300 Quintillionen Bakterien auf der Erde existieren können.

9. Um eine Vorstellung davon zu haben, eine wie grosse Genauigkeit eine Zahl veranlasst, von der man hundert oder noch mehr Dezimalstellen kennt, betrachten wir das folgende Beispiel. Die Zahl π, welche angiebt, wieviel mal so gross der Umfang eines Kreises ist, als sein Durchmesser, ist etwas grösser als 3 und lautet auf sechs Dezimalstellen:

$$3{,}141592\ldots,$$

was bedeutet, dass π grösser als 3,141592, aber kleiner als 3,141593 ist. Da die Zahl π irrational ist, so ist es unmöglich, sie in Dezimalstellen genau anzugeben. Wohl aber verzehnfacht sich die Genauigkeit durch jede weitere Dezimalstelle. Obgleich nun die Berücksichtigung von 7 bis 10 Dezimalstellen für alle Anwendungen vollkommen ausreicht, so hat man doch die Zahl π jetzt auf mehr als 500 Dezimalstellen berechnet. Um zu zeigen, welch einen Grad von Genauigkeit auch nur hundert Dezimalstellen darstellen, diene das folgende Beispiel. Der Sirius ist 83 Millionen mal Millionen Meilen von uns entfernt. Durch ihn denken wir uns um das Centrum der Erde eine Kugel gelegt, und diese ungeheure Kugel so von Bakterien angefüllt, dass auf jedes Kubikmillimeter Millionen mal Millionen Bakterien kommen. Die Zahl der in dieser Weise jene Kugel füllenden Bakterien wird dann mit 74 Ziffern geschrieben. Dann denken wir uns diese Bakterien ausgepackt und auf eine gerade Linie gelegt, so dass immer zwei aufeinanderfolgende Bakterien ebenso weit von einander entfernt sind, wie der Sirius von der Erde, also 83 Billionen Meilen. Auf diese Weise erhalten wir eine Strecke, die soviel Meilen lang ist, als das Produkt von 83 Billionen mit der 74ziffrigen Zahl der Bakterien beträgt. Diese Strecke sei der Durchmesser eines Kreises, dessen Umfang wir uns dann auf zweierlei Weise bestimmt denken, erstens durch wirkliche Ausmessung, zweitens dadurch, dass wir seinen Durchmesser mit π multiplizieren, wobei wir uns hundert Dezimalstellen von π berücksichtigt vorstellen wollen. Dann müssen die beiden für den Umfang jenes Kreises erhaltenen Resultate von einander abweichen, weil ja von der Zahl π nur hundert Dezimalstellen beim Multiplizieren berücksichtigt sind. Diese

Ungenauigkeit müsste sich nun äusserst bemerkbar machen, da der Kreis so ungeheuer gross ist. Trotzdem würde man finden, dass der Unterschied zwischen dem durch wirkliche Messung bestimmten Umfange und dem durch Multiplikation mit π auf hundert Stellen berechneten Umfange noch nicht den millionten Teil eines Millimeters betrüge.

10. Zum Schluss sei bemerkt, dass die Arithmetik uns gestattet, mit nur drei Ziffern eine Zahl zu schreiben, die viel grösser ist, als die Zahl, die man erhält, wenn man alle in diesem § bis jetzt erwähnten Zahlen mit einander multipliziert, das erhaltene Produkt mit einer Quadrillion multipliziert, dieses wieder mit einer Quadrillion und so fort, bis millionenmal eine solche Multiplikation mit einer Quadrillion stattgefunden hat. Viel grösser als die auf solche Weise entstehende Zahl ist die Zahl

$$9^{9^9}$$

Denn diese Zahl bedeutet das Produkt von 9^9 Faktoren, von denen jeder 9 ist. Nun ist $9^9 = 9.9.9.9.9.9.9.9.9$ $= 387$ Millionen 420489. So oft also, wie die zuletzt genannte Zahl angiebt, haben wir uns 9 als Faktor zu setzen, um zu der Zahl

$$9^{9^9}$$

zu gelangen. Da das menschliche Leben nicht ausreicht, um diese Zahl auszurechnen, so wird es genügen, wenn wir die Anzahl der Ziffern, mit denen sie geschrieben wird, angeben. Es sind dies jedenfalls mehr als 369 Millionen und 690000 Ziffern, aber weniger als 369 Millionen und 700000 Ziffern. Wollte man die Zahl schreiben, so würde man dazu eine Länge von $18484\frac{1}{2}$ bis 18485 Kilometer nötig haben, wenn man die Ziffern so eng nebeneinander schreibt, dass 20 auf ein Dezimeter gehen.

§ 5.

Erraten der Augensumme verdeckt liegender Karten.

Auf einer einfachen arithmetischen Umformung beruht das sehr verbreitete Karten-Kunststück, bei welchem die Summe der Werte verdeckt liegender Karten erraten wird. Meist wird dasselbe bei 32 Karten in folgender Weise ausgeführt. Man bittet jemand, er möchte sich drei beliebige Karten auswählen, dieselben verdeckt als unterste Karten von drei zu bildenden Häufchen hinlegen, dann von dem Werte jeder dieser Karten an weiterzählen bis 11 und für jede beim Weiterzählen ausgesprochene Zahl eine Karte hinzulegen. Darauf lässt man sich die übrig gebliebenen Karten geben und kann aus der Anzahl derselben entnehmen, wie gross die Wertsumme der zu Anfang ausgewählten drei untersten Karten der entstandenen drei Häufchen ist. Man hat nämlich in diesem Falle 4 zu der Anzahl der empfangenen übrig gebliebenen Karten zu addieren. Dann erhält man die Wertsumme. Es möge ein Ass den Wert 11, ein König den Wert 4, eine Dame den Wert 3, ein Bube den Wert 2, eine Zehn, Neun, Acht, Sieben beziehungsweise die Werte

10, 9, 8, 7 haben. Angenommen nun, jemand habe König, Acht, Ass als unterste Karten ausgewählt. Dann hat er beim ersten Haufen den König mit 4 zu bezeichnen, dann weiterzuzählen von 5 bis 11, also 7 Karten hinzuzulegen. Ebenso hat er auf die Acht noch 3 Karten zu legen, um auf die Grenze 11 zu kommen. Bei dem Ass aber hat er keine Karte hinzuzulegen, weil dasselbe schon 11 gilt. Demnach hat er im ersten Haufen 8 Karten, im zweiten 4, im dritten 1 Karte. Er hat also abzuliefern 32 weniger $8 + 4 + 1$ oder 19 Karten. 19 plus 4 giebt 23. Also muss die Wertsumme 23 sein. In der That ist $4 + 8 + 11 = 23$.

Wenn zweitens 52 Karten vorhanden sind, jedes der 4 Asse 11, jedes der 12 Bilder 10 und sonst jede Karte soviel gelten soll, wie Augen auf ihr sind, wenn ferner wiederum 3 Häufchen gebildet werden sollen und dabei bis 18 gezählt werden soll, so hat man zur Anzahl der empfangenen übrig gebliebenen Karten 5 hinzuzuzählen, um die Wertsumme der untersten Karten der drei Häufchen zu erhalten. Beispielsweise mögen unten eine Fünf, eine Zehn und ein König gelegt sein. Dann müssen auf die Fünf noch 13, auf die Zehn noch 8, auf den König, der ja Zehn gelten soll, auch noch 8 Karten hinzugelegt werden, so dass im ersten Haufen 14, im zweiten 9, im dritten 9 Karten liegen. Also sind zur Bildung der drei Haufen 32 Karten verbraucht. Demnach werden 20 Karten zurückgegeben. Zu dieser Anzahl addiert man 5 und erhält dadurch die richtige Wertsumme 25, die sich aus 5 und 10 und 10 zusammensetzt.

Man erkennt sofort, dass es bei diesem Kunststück

ganz gleichgültig ist, welcher Wert jeder Karte erteilt wird, und dass die Zahl, die man zur Anzahl der zurück erhaltenen Karten addieren muss, um die Wertsumme der unten liegenden Karten zu bekommen, nur von der Anzahl n der Karten, der Anzahl h der zu bildenden Häufchen und der Summe z der Grenz-Zahlen abhängt, bis zu welchem man bei den h Haufen zählen soll. Es ist nicht schwer, diese Abhängigkeit durch eine Formel auszudrücken. Für jeden der h Haufen möge $a_1, a_2, a_3, \ldots a_h$ den Wert der untersten Karte bezeichnen, ferner $b_1, b_2, \ldots b_h$ die zu jedem Haufen verbrauchten Karten, endlich $z_1, z_2, \ldots z_h$ die Grenzzahl, bis zu welcher bei jedem Haufen gezählt werden soll. Dann ist:

$$a_1 + b_1 = z_1 + 1;$$
$$a_2 + b_2 = z_2 + 1;$$
$$\vdots$$
$$a_h + b_h = z_h + 1.$$

Addiert man diese h Gleichungen, so erhält man, wenn $a_1 + a_2 + \ldots + a_h = a$, $b_1 + b_2 + \ldots + b_h = b$, $z_1 + z_2 + \ldots + z_h = z$ gesetzt wird:

$$a + b = z + h.$$

Nun ist aber die Gesamtzahl b der verbrauchten Karten gleich dem Überschuss der Anzahl n aller vorhandenen Karten über den zu empfangenden Rest r, also gleich $n - r$. Daher kommt

$$a + n - r = z + h$$

oder:

$$a = z + h + r - n.$$

Im ersten der obigen Beispiele war $n = 32$, $h = 3$, z gleich 3 mal $11 = 33$, also ist nach der soeben abgeleiteten Formel:

$$a = r + 4.$$

Im zweiten der obigen Beispiele war $n = 52$, $h = 3$ z gleich 3 mal 18 oder 54. Also ergiebt sich:

$$a = r + 5.$$

Da es wünschenswert ist, dass die Karten zur Bildung der Häufchen ausreichen und dass mindestens eine Karte übrig bleibt, muss $z < n$ sein. Ferner darf der höchste einer Karte erteilte Wert natürlich nicht grösser sein, als die grösste der Grenzzahlen $z_1, z_2, \ldots z_h$. Dadurch sind für die Grenzzahlen Bedingungen für ihre Grösse gegeben, die wir für den Fall, dass $z_1 = z_2 = \ldots = z_h$, also $z = h \,.\, z_1$ ist, und dass der niedrigste Wert einer Karte 1, der höchste Wert 11 beträgt, aufstellen wollen. Damit mindestens eine Karte übrig bleibt, muss $h z_1 < n$ sein, und, damit die gemeinsame Grenzzahl z_1 vom höchsten Wert 11 nicht übertroffen wird, muss auch $z_1 \geqq 11$. Also ist die Grenzbedingung für z_1 die folgende:

$$11 \leqq z_1 < \frac{n}{h}.$$

Hieraus folgt z. B., dass bei 32 Karten und 3 Häufchen z_1 nur 11 sein kann, wenn die gestellten Bedingungen erfüllt bleiben sollen. Bei 52 Karten und 4 Häufchen dürfte z_1 die Werte 11 und 12 haben. Man beachte, dass die Anzahl n der Karten ganz beliebig sein darf, und dass dieselben auch kein volles Spiel zu bilden brauchen, sondern ganz beliebige Karten sein dürfen. Man wird daher, um in dieses Kunststück Abwechselung hineinzubringen, recht viel beliebige Karten nehmen, um recht viel Haufen bilden zu können. Hat man z. B. 100 Karten zur Verfügung, so könnte man bis zu neun Haufen bilden lassen, wie die obige Grenzbedingung zeigt. Aus ihr folgt $z_1 = 11$ für $n = 100$ und $h = 9$.

§ 6.

Umfüllungs-Aufgaben.

Die Aufgaben, die wir hier behandeln, finden sich seit Bachets*) klassischem Buche nicht allein in allerhand Büchern, die arithmetische Belustigungen enthalten, sondern auch in Kalendern, Kinderbüchern und neuerdings auch in Unterhaltungsblättern und Provinzialzeitungen. Diese Aufgaben setzen voraus, dass nur eine beschränkte Anzahl von Gefässen zur Verfügung steht und dass jedes dieser Gefässe eine bestimmte Anzahl von Litern fasst, ohne etwa durch Teilstriche erkennen zu lassen, der wievielte Teil des Gefässes gefüllt ist. Mit Hilfe solcher Gefässe soll dann durch wiederholtes Umgiessen schliesslich eine vorgeschriebene Anzahl von Litern in das eine oder in das andere Gefäss hineinkommen. Als Flüssigkeit ist meist Milch oder Wein gewählt. Gewöhnlich wird bei diesen Aufgaben vorausgesetzt, dass nur drei verschieden grosse

*) Vor Bachet behandelte das Problem Tartalea im Anfang des 16. Jahrhunderts. Im Jahre 1694 zog Ozanam dieses Problem wieder ans Tageslicht.

Gefässe vorhanden sind, dass das grösste dieser Gefässe vollkommen gefüllt ist, dass die beiden andern aber ganz leer sind, und dass nun eine Halbierung der im grössten Gefässe befindlichen Flüssigkeit stattfinden soll, indem nach wiederholten Umgiessen das grösste Gefäss die eine Hälfte, das zweitgrösste die andere Hälfte der Flüssigkeit enthält. Bei Bachet (1612) hat die Aufgabe die folgende Fassung: „Zwei Freunde haben sich 8 Mass Wein zu teilen, sie besitzen denselben in einem 8 Mass fassenden Gefässe, haben aber ausserdem nur noch zwei leere Gefässe, von denen das eine 5 Mass, das andere 3 Mass fasst. Wie können sie den Wein in genau gleiche Teile teilen, indem sie sich einzig und allein der drei Gefässe bedienen?" Zu dieser Aufgabe giebt Bachet zwei Lösungen, welche, wenn wir Liter statt Mass sagen, folgendermassen lauten:

1. Man giesse den Wein in das 5 Liter fassende Gefäss, bis dasselbe voll ist; dann giesse man aus diesem Gefäss so lange in das 3 Liter haltende Gefäss, bis letzteres voll ist, so dass in dem zweitgrössten Gefässe zwei Liter übrig geblieben sind. Nun giesse man den Inhalt des kleinsten Gefässes in das grösste, so dass dasselbe nunmehr 6 Liter enthält. Dann giesse man die in dem zweitgrössten Gefässe zurückgebliebenen 2 Liter in das jetzt leere kleinste Gefäss. Darauf fülle man das zweitgrösste Gefäss, indem man aus dem grössten Gefäss soviel abgiesst, bis das zweite ganz gefüllt ist, so dass nunmehr die drei Gefässe, der Reihe nach, 1, 5, 2 Liter enthalten. Jetzt entleere man das zweite Gefäss soweit, dass das kleinste Gefäss voll

wird. Dann sind im zweiten Gefäss 4 Liter zurückgeblieben. Man hat also nur noch die im kleinsten Gefäss vorhandenen 3 Liter in das grösste zu giesen, um zu erreichen, dass die 8 Liter halbiert sind.

2. Bei der zweiten von Bachet gegebenen Lösung giesst man zuerst in das 3 Liter haltende Gefäss, bis dasselbe voll ist, darauf die so erhaltenen 3 Liter in das mittelgrosse Gefäss. Nun füllt man wiederum das kleinste Gefäss, indem man aus dem grössten ausgiesst, so dass im grössten 2 Liter zurückbleiben. Nun giesst man aus dem kleinsten so lange in das zweitgrösste, bis dieses voll ist, und dann den ganzen Inhalt desselben in das grösste Gefäss, das nun 7 Liter enthalten muss, während im kleinsten 1 Liter vorhanden ist. Dieses giesst man nun in das mittelgrosse Gefäss. Endlich füllt man aus dem grössten Gefäss in das kleinste, bis dieses voll ist, so dass im grössten 4 Liter enthalten sein müssen, und die Aufgabe also gelöst ist, wenn man noch die im kleinsten Gefäss enthaltenen 3 Liter in das mittelgrosse Gefäss übergiesst.

Man kann diese Lösungen übersichtlicher und kürzer darstellen, wenn man den drei Gefässen drei Kolumnen zuordnet und nacheinander in die Zeilen dieser Kolumnen die Zahlen schreibt, welche angeben, wieviel Liter nach jedem Umfüllen in den Gefässen enthalten sind. Diese kürzere Darstellungsweise wollen wir auch im Folgenden immer beibehalten. Ferner wollen wir die drei Gefässe mit A, B, C bezeichnen, so dass A das grösste, B das zweitgrösste, C das drittgrösste bezeichnet. Die Zahl der Liter, die jedes Gefäss überhaupt fassen kann, setzen wir in Klammern unter A, B, C. So gewinnen die beiden oben auseinandergesetzten Lösungen die nebenstehende übersichtliche Gestalt.

1.

A (8)	B (5)	C (3)
8	0	0
3	5	0
3	2	3
6	2	0
6	0	2
1	5	2
1	4	3
4	4	0

2.

A (8)	B (5)	C (3)
8	0	0
5	0	3
5	3	0
2	3	3
2	5	1
7	0	1
7	1	0
4	1	3
4	4	0

Man kann das Bachetsche Umfüllungs-Problem in dreierlei Richtungen verallgemeinern:

1. dahin, dass man statt der Zahlen (8), (5), (3) beliebig gewählte andere Zahlen setzt, welche angeben sollen, wieviel Liter die drei Gefässe A, B, C fassen sollen;

2. dahin, dass man als Ziel nicht allein die Halbierung, sondern die Erreichung jeder möglichen Literzahl betrachtet;

3. dahin, dass man mehr als drei Gefässe als zur Verfügung stehend voraussetzt.

Da die dritte Erweiterungsrichtung weniger Interesse bietet, weil die Auffindung einer Lösung dadurch zu sehr erleichtert wird und die Anzahl der denkbaren Lösungen zu gross wird, so wollen wir diese Erweiterung des Problems nicht eingehender behandeln, sondern nur ein Beispiel geben, das wir den „Mathematical Recreations“ von Ball entnehmen. Das Gefäss A sei voll und enthalte 24 Liter, die Gefässe B, C, D, die leer sind, mögen 13, 11 und 5 Liter fassen. Man soll die 24 Liter durch Umgiessen in drei gleiche Teile teilen. Eine sehr kurze Lösung des Problems ist folgende:

A	B	C	D
(24)	(13)	(11)	(5)
24	0	0	0
13	0	11	0
8	0	11	5
0	8	11	5
11	8	0	5
16	8	0	0
16	0	8	0
3	13	8	0
3	8	8	5
8	8	8	0

Obwohl Ball in seinem Buche die Ansicht ausspricht, dass solche Umfüllungsaufgaben nur durch Versuche, nicht aber mathematisch gelöst werden können, so versuchte der Verfasser dennoch in seinen „Zwölf Geduldspielen“ (Neue Bearbeitung, 1899, bei Göschen in Leipzig) eine kritische Behandlung der Umfüllungs-Probleme bezüglich der beiden ersten der oben genannten drei Verallgemeinerungs-Richtungen. Die Zahlen für die von A, B, C gefassten Liter mögen beziehungsweise a, b, c heissen. Zuerst sieht man leicht ein, dass bei dem Umfüllen immer nur zweierlei stattfinden kann. Entweder man macht das Gefäss, aus dem man giesst, ganz leer oder man macht das Gefäss, in das man giesst, ganz voll. Daher kann es, wie oft man auch umgiessen mag, niemals vorkommen, dass keins der Gefässe ganz leer und zugleich auch keins ganz voll ist. Wenn also bei unsrer tabellarischen Darstellung der Ergebnisse der aufeinanderfolgenden Umfüllungen in einer Reihe keine 0 vorkommt, so muss notwendig entweder die zweite Zahl derselben Reihe gleich b oder die dritte Zahl dieser Reihe gleich c sein. Dass die erste Zahl gleich a ist, konnte ausgelassen werden, weil immer vorausgesetzt wird, dass überhaupt nur a Liter der Flüssigkeit vorhanden sind. Wenn man nun auf alle möglichen Literzahlen von 1 bis a durch das Umfüllen kommen soll, so muss man bei der Reihenfolge der Umfüllungen darauf achten, dass man niemals auf eine Zahlengruppe stösst, die mit einer schon dagewesenen übereinstimmt, weil ja dann die Umfüllungen dieser Gruppe sich als ganz unnötig erweisen. Insbesondere hat man bei der Auffindung einer Methode, die alle möglichen Zahlen liefert, noch darauf zu achten, dass man möglichst spät auf die Anfangsgruppe a, 0, 0 zurückgelangt. Methoden, welche diese Bedingung erfüllen, lassen sich mehrere finden. Eine derselben besteht aus folgenden Vorschriften: „Man giesse aus A in C, bis C voll ist, dann den Inhalt von C in B, darauf wieder aus A in C, bis C voll ist, und auch wieder den Inhalt von C in B. So fahre man fort, bis B ganz voll ist. Darauf fülle man den Inhalt von B in A, und wenn in C ein Rest geblieben ist, diesen in B. Jetzt wiederhole man das anfängliche Verfahren, und zwar wiederum so lange, bis B voll ist. Dann giesse man den Inhalt von B wieder in A, und, wenn in C ein Rest geblieben ist, diesen in B. Wenn man dieses Verfahren immer weiter fortsetzt, so gelangt man schliesslich zur Anfangsgruppe zurück, und man hat alle Literzahlen erreicht, die möglich sind. Es fragt sich jedoch, ob auch immer in A so viel Flüssigkeit ist, dass C ganz gefüllt werden kann. A ist jedenfalls am leersten, wenn in B b Liter sind. Dann aber soll man ja aus B in A füllen. Sind aber in B nur $b - 1$ Liter, und ist C noch leer, so fragt es sich, ob in A noch so viel Flüssigkeit ist, dass C ganz gefüllt werden kann. Da aber alle Flüssigkeit zusammen unverändert a Liter betragen muss, so müsste in A $a - b + 1$ Liter sein. Dies darf also nicht kleiner als c sein, d. h. in arithmetischer Zeichensprache:

$$a \geqq b + c - 1.$$

Wenn diese Bedingung erfüllt ist, führt unser Verfahren also dazu, dass in B sämtliche Zahlen von 1 bis b vorkommen. Nur, wenn b und c einen gemeinsamen Teiler haben, können nicht alle Zahlen erscheinen, sondern natürlich nur diejenigen, welche ebenfalls diesen Teiler haben. Wir haben daher bis jetzt zwei Bedingungen gefunden, erstens, dass b und c keinen gemeinsamen Teiler haben, zweitens, dass a nicht kleiner als $b + c - 1$ ist. Diesen Bedingungen entsprechen die nachher folgenden sieben Beispiele sämtlich. Man bemerke bei diesen Beispielen dann aber auch, dass, wenn C leer ist und in B y Liter sind, in A $a - y$ Liter sein müssen, so dass in A alle Zahlen, die grösser als B sind, vorkommen müssen, wenn nur $a - b \leqq b + 1$, d. h. $a \leqq 2b + 1$. Ist aber diese dritte Bedingung nicht erfüllt, also a noch grösser als das um 1 vermehrte Doppelte von b, so kommen naturgemäss in A die Zahlen nicht vor, die grösser als b, aber kleiner als a — b sind, dies immer in dem Falle, dass C leer ist. Nun kann man aber, wenn C leer ist, C aus A füllen, woraus man erkennt, dass nur dann Zahlen ausfallen müssen, wenn $a - b - c \leqq b + 1$ ist, d. h., wenn $a \leqq 2b + c + 1$ ist. Damit haben wir folgendes Resultat gefunden:

Die oben angegebene Umfüllungs-Methode führt zu sämtlichen Zahlen von 1 bis a, wenn b und c keinen gemeinsamen Teiler haben, und wenn ausserdem die folgende Bedingungs-Ungleichung erfüllt wird:

$$b + c - 1 \stackrel{=}{<} a \stackrel{=}{<} 2b + c + 1.$$

Unter den sieben Beispielen erfüllen sämtliche die Bedingung, dass b und c keinen gemeinsamen Teiler haben, und auch die Bedingung $b + c - 1 \stackrel{=}{<} a$. Die dritte Bedingung $a \stackrel{=}{<} 2b + c + 1$ wird aber nur von No. 1, 2, 3, 4, nicht aber von No. 5, 6, 7 erfüllt, wodurch es kommt, dass in diesen letzten Beispielen gewisse Zahlen fehlen müssen.

No. 1.

A	B	C
(13)	(9)	(5)
13	0	0
8	0	5
8	5	0
3	5	5
3	9	1

12	0	1
12	1	0
7	1	5
7	6	0
2	6	5
2	9	2

11	0	2
11	2	0
6	2	5
6	7	0
1	7	5
1	9	3

10	0	3
10	3	0
5	3	5
5	8	0
0	8	5
0	9	4

9	0	4
9	4	0
4	4	5
4	9	0
13	0	0

No. 2.

A	**B**	**C**
(15)	(7)	(3)
15	0	0
12	0	3
12	3	0
9	3	3

9	6	0
6	6	3
6	7	2
13	0	2

13	2	0
10	2	3
10	5	0
7	5	3

7	7	1
14	0	1
14	1	0
11	1	3

11	4	0
8	4	3
8	7	0
15	0	0

No. 3.

A	B	C
(24)	(17)	(7)
24	0	0
17	0	7
17	7	0
10	7	7
10	14	0
3	14	7
3	17	4
20	0	4

20	4	0
13	4	7
13	11	0
6	11	7
6	17	1
23	0	1
23	1	0
16	1	7
16	8	0
9	8	7

9	15	0
2	15	7
2	17	5
19	0	5
19	5	0
12	5	7
12	12	0
5	12	7
5	17	2
22	0	2

22	2	0
15	2	7
15	9	0
8	9	7
8	16	0
1	16	7
1	17	6
18	0	6
18	6	0
11	6	7

11	13	0
4	13	7
4	17	3
21	0	3
21	3	0
14	3	7
14	10	0
7	10	7
7	17	0
24	0	0

No. 4.

A	B	C
(20)	(11)	(10)
20	0	0
10	0	10
10	10	0
0	10	10
0	11	9
11	0	9
11	9	0

1	9	10
1	11	8
12	0	8
12	8	0
2	8	10
2	11	7
13	0	7
13	7	0
3	7	10

3	11	6
14	0	6
14	6	0
4	6	10
4	11	5
15	0	5
15	5	0
5	5	10
5	11	4

16	0	4
16	4	0
6	4	10
6	11	3
17	0	3
17	3	0
7	3	10
7	11	2
18	0	2

18	2	0
8	2	10
8	11	1
19	0	1
19	1	0
9	1	10
9	11	0
20	0	0

No. 5.

A	B	C
(33)	(11)	(8)
33	0	0
25	0	8
25	8	0
17	8	8
17	11	5
28	0	5

28	5	0
20	5	8
20	11	2
31	0	2
31	2	0
23	2	8
23	10	0
15	10	8

15	11	7
26	0	7
26	7	0
18	7	8
18	11	4
29	0	4
29	4	0
21	4	8

21	11	1
32	0	1
32	1	0
24	1	8
24	9	0
16	9	8
16	11	6
27	0	6

27	6	0
19	6	8
19	11	3
30	0	3
30	3	0
22	3	8
22	11	0
33	0	0

No. 6.

A	B	C
(50)	(9)	(2)
50	0	0
48	0	2
48	2	0

46	2	2
46	4	0
44	4	2
44	6	0
42	6	2

42	8	0
40	8	2
40	9	1
49	0	1
49	1	0

47	1	2
47	3	0
45	3	2
45	5	0
43	5	2

43	7	0
41	7	2
41	9	0
50	0	0

No. 7.

A	B	C
(31)	(12)	(5)
31	0	0
26	0	5
26	5	0
21	5	5
21	10	0
16	10	5

16	12	3
28	0	3
28	3	0
23	3	5
23	8	0
18	8	5
18	12	1

30	0	1
30	1	0
25	1	5
25	6	0
20	6	5
20	11	0
15	11	5

15	12	4
27	0	4
27	4	0
22	4	5
22	9	0
17	9	5
17	12	2

29	0	2
29	2	0
24	2	5
24	7	0
19	7	5
19	12	0
31	0	0

Man erkennt an diesen Beispielen, dass bei No. 1, 2, 3, 4 unter B alle Zahlen von 1 bis b und unter A alle Zahlen von b + 1 bis a vorkommen, dass dagegen No. 5, 6, 7 diejenigen Zahlen nicht enthalten, die grösser als b und kleiner als a — b — c sind. Fügt man bei jedem der drei letzten Beispiele kurz vor dem Schluss noch die Umfüllung hinzu, durch welche B und C gleichzeitig ganz voll werden, so enthalten diese Beispiele alle Zahlen, die überhaupt erreichbar sind. So kommen in No. 7 unter B alle Zahlen von 1 bis 12, unter A alle Zahlen von 31 — 12 — 5 = 14 bis 31 vor, so dass also nur die Zahl 13 unerreichbar ist. Wenn man diese Umfüllungs-Methode näher prüft, so erkennt man, dass unter B, abgesehen von den wiederholt auftretenden Zahlen 0 und b, der Reihe nach, die Vielfachen der Zahl c von 1 mal c bis b mal c auftreten, wenn man jedes Vielfache immer, so oft es geht, um b vermindert, d. h. es kommen vor: die kleinsten Reste der Division x . c : b, wo x die Zahlen von 1 bis b durchläuft. In No. 3, wo c = 7, b = 17 ist, sind dies also die Zahlen:

7, 14, 4, 11, 1, 8, 15, 5, 12, 2, 9, 16, 6, 13, 3, 10.

Wir haben noch den in den vorigen Beispielen ausgeschlossenen Fall zu prüfen, wo $a < b + c - 1$ ist. In diesem Falle lassen sich unter B nicht alle Zahlen von 1 bis b erreichen. Man findet aber unter B alle überhaupt erreichbaren Zahlen, wenn man die oben beschriebene Methode auch hier anwendet und so lange fortsetzt, bis man auf eine Zahl stösst, die grösser als $a - c$ ist. Die sonst noch erreichbaren Zahlen ergeben sich unter A, wenn man die unter B erlangten Zahlen von a abzieht, und wenn man aus dem Gefässe A die andern Gefässe füllt. Ist z. B. $a = 20$, $b = 13$, $c = 9$, so ist a kleiner als $b + c - 1$, wenn auch nur um 1. Hier erscheinen unter B bei Befolgung unsrer Methode ausser 0 und 13 die Vielfachen von 9, jedes so oft wie möglich um 13 vermindert, also die Zahlen

9, 5, 1, 10, 6, 2, 11, 7, 3, 12.

Schon hier bei 12 bricht aber die Reihe ab, da die arithmetisch noch folgenden Zahlen 8 und 4 beim Umfüllen unter B nicht erscheinen können, da, wenn in B 12 Liter sind und C leer ist, in A nur 8 Liter sein können, welche Quantität nicht genügt, um C ganz zu füllen. Da aber unter A die Zahlen erscheinen müssen, welche entstehen, wenn man die Zahlen der obigen Reihe von 20 oder von 20—9 abzieht, so kommen dennoch die Zahlen 8 und 4 vor, aber nicht unter B, sondern unter A als 20 — 12 bezw. 20 — 9 — 7. Ebenso entstehen auch alle Zahlen zwischen 20 und 13, mit einziger Ausnahme der Zahl 16, die auf keinerlei Weise erreichbar ist.

Als zweites Beispiel nehmen wir a = 16, b = 12, c = 7. Hier erscheinen unter B ausser 0 und 12 nur die Zahlen 7, 2, 9, 4, 11, unter A ausser 0 und 16 nur die Zahlen 16 — 7 = 9, 16 — 2 = 14, 16 — 9 = 7, 16 — 4 = 12, 16 — 11 = 5, sowie auch 16 — 7 — 7 = 2, 16 — 7 — 2 = 7, 16 — 7 — 9 = 0, 16 — 7 — 4 = 5. Unter C errscheinen ausser 0 und 7 nur die Zahlen 2 . 7 — 12 = 2, 4 . 7 — 2 . 12 = 4, so dass schliesslich die Zahlen 1, 3, 6, 8, 10, 13, 15 unerreichbar bleiben.

Es fragt sich nun, ob nicht vielleicht andere Methoden der Umfüllung denkbar sind, die dann vielleicht auch zu denjenigen Liter-Zahlen führen, die nach der bisher befolgten Methode unerreichbar waren. Eine nähere Untersuchung zeigt, dass in der That noch eine zweite Methode existiert, dass aber diese zu keinen anderen Ergebnissen führt wie die erste Methode und dass insbesondere die erreichbaren sowohl wie die unerreichbaren Zahlen bei beiden Methoden übereinstimmen, nur mit dem Unterschiede, dass die erreichbaren Zahlen in umgekehrter Reihenfolge erscheinen. Namentlich zeigt sich auch, dass diese zweite Methode, wenn sie zu allen Zahlen von 1 bis a führen soll, dieselbe Bedingungs-Ungleichung

$$b + c - 1 \gtreqless a \gtreqless 2b + c + 1$$

ergiebt, wie die erste Methode. Diese zweite Methode lautet folgendermassen:

Man giesse aus A in B, bis B voll ist, dann aus B in C, bis C voll ist, dann den Inhalt von C in A, dann nochmal aus B in C, bis C voll ist, dann aus dem vollen C in A und wiederhole dies so lange, bis es nicht mehr gelingt, C aus B ganz zu füllen. Darauf giesse man trotzdem diesen Rest in C, so dass B leer wird. Nun fülle man von neuem aus A in B, bis B voll ist und wiederhole nun den eben beschriebenen Prozess, bis wiederum in B weniger als in C ist. Dann giesse man diesen Rest wieder in C, fülle das leere B aus A, giesse aus B in C bis C voll ist, u. s. w. Hierzu folgendes Beispiel:

A	B	C
(16)	(11)	(6)
16	0	0
5	11	0
5	5	6
11	5	0
11	0	5
0	11	5
0	10	6
6	10	0
6	4	6
12	4	0
12	0	4
1	11	4
1	9	6
7	9	0
7	3	6
13	3	0
13	0	3
2	11	3
2	8	6
8	8	0

8	2	6
14	2	0
14	0	2
3	11	2
3	7	6
9	7	0
9	1	6

15	1	0
15	0	1
4	11	1
4	6	6
10	6	0
10	0	6
16	0	0

Man bemerke, dass wenn die Bedingungs-Ungleichung über a erfüllt ist, die Reihenfolge der erreichten Zahlen-Tripel genau umgekehrt zu der bei der ersten Methode entstehenden Reihenfolge ist. Ist aber jene Bedingungs-Ungleichung nicht erfüllt, so wird es vorkommen, dass in A nicht genügend Flüssigkeit ist, um B ganz füllen zu können. Dann hat man es so weit wie möglich zu füllen und in der Befolgung der Methode fortzufahren. Das Ergebnis aber ist dann, dass gewisse Zahlen als unerreichbar ausgeschlossen bleiben könnten und zwar sind dies dann dieselben Zahlen, die auch bei der ersten Methode ausfallen mussten. Um dies zu verdeutlichen, behandeln wir noch ein Beispiel nach beiden Methoden. Es sei $a = 16$, $b = 12$, $c = 7$.

Erste Methode.

A (16)	B (12)	C (7)
16	0	0
9	0	7
9	7	0
2	7	7
2	12	2
14	0	2
14	2	0

7	2	7
7	9	0
0	9	7
0	12	4
12	0	4
12	4	0
5	4	7
5	11	0

Zweite Methode.

A (16)	B (12)	C (7)
16	0	0
4	12	0
4	5	7
11	5	0
11	0	5
0	11	5
0	9	7

7	9	0
7	2	7
14	2	0
14	0	2
2	12	2
2	7	7
9	7	0
9	0	7
16	0	0

Man sieht, dass bei beiden Methoden die Zahlen 1, 3, 6, 8, 10, 13, 15 ausfallen, alle andern Zahlen von 1 bis 16 aber erscheinen.

§ 7.

Neuner-Probe und Neuner-Kunststück.

Jede Zahl lässt, durch Neun dividiert, denselben Rest, wie wenn ihre Quersumme, d. h. die Summe aller ihrer Ziffern, durch Neun dividiert wird. Dies rührt daher, dass die Basis Zehn unsrer Zifferschrift, und deshalb auch ihre Potenzen Hundert, Tausend u. s. w., durch Neun dividiert, den Rest 1 lassen. Denn, wenn eine Zahl a Einer, b Zehner, c Hunderter, d Tausender u. s. w. hat, so lässt sie sich folgendermassen schreiben:

$$a + 10\,b + 100\,c + 1000\,d + \ldots,$$

und diese Summe lässt sich zerlegen in eine andere Summe, deren erster Addend $a + b + c + d + \ldots$, also die Quersumme der vorliegenden Zahl, ist, während der zweite Addend $9\,b + 99\,c + 999\,d + \ldots$ heisst, also eine durch 9 teilbare Zahl darstellt. Da dieser zweite Addend bei der Division durch Neun keinen Rest lässt, so muss der Rest, der bleibt, wenn man $a + 10\,b + 100\,c + 1000\,d + \ldots$ durch 9 dividiert, derselbe sein, wie wenn man die Quersumme $a + b$

$+ c + d + \ldots$ durch 9 dividiert. Mit Benutzung dieser Regel kann man auch bei vielziffrigen Zahlen sehr schnell den Neuner-Rest bestimmen. Man hat nur nach einander die Ziffern zu addieren und immer, sobald man dabei auf eine zweiziffrige Zahl stösst, wiederum deren Ziffersumme zu nehmen, wie folgendes Beispiel verdeutlicht:

Es sei zu der Zahl 74056892 der Neuner-Rest zu bestimmen, d. h. der Rest, der bleibt, wenn man diese Zahl durch 9 dividiert. Man rechnet dann so: $7 + 4 = 11$, d. h. $1 + 1 = 2$, $2 + 0 = 2$, $2 + 5 = 7$, $7 + 6 = 13$, d. h. $1 + 3 = 4$, $4 + 8 = 12$, d. h. $1 + 2 = 3$, $3 + 2 = 5$. Die Ziffer 9 konnte bei der Addition ausgelassen werden. Es ergiebt sich also der Neuner-Rest 5. Auf diese Weise findet man bei einiger Übung den Neuner-Rest einer Zahl viel schneller, als wenn man die Zahl wirklich durch Neun dividiert.

Auf dem Bestimmen des Neuner-Restes beruht die Neunerprobe, die in früheren Jahrhunderten beim Rechnen in den vier Species immer angewandt ist, jetzt aber ganz in Vergessenheit geraten ist, weil die Volksschullehrer sie auf den Seminaren nicht mehr lernen, was bei den Vorteilen, die die Neunerprobe bietet, sehr zu bedauern ist. Die Neunerprobe besteht darin, dass man, ausser mit den gegebenen Zahlen selbst, nebenbei auch ebenso mit ihren Neun-Resten rechnet. Dann muss das aus den Zahlen selbst gewonnene Resultat und das ebenso aus den Neun-Resten erhaltene Resultat denselben Neun-Rest haben. Stimmt dies nicht, so muss man einen Rechenfehler gemacht haben. Der Beweis der Richtigkeit der Neunerprobe geht aus folgendem hervor. Wenn eine Zahl n den Neuner-Rest r hat, so ist zu setzen:

$$n = 9a + r.$$

Wenn eine zweite Zahl n′ den Neuner-Rest r′ hat, so ist ferner:

$$n' = 9a' + r'.$$

Aus beiden Gleichungen erhält man aber durch Addition, Subtraktion und Multiplikation immer rechts eine Summe, deren erster Addend durch 9 teilbar ist, während der zweite Addend $r + r'$, $r - r'$, $r \cdot r'$ heisst. Damit ist die Neunerprobe für die drei ersten Grundrechnungsarten bewiesen. Wie bei der Division die Neunerprobe zu machen ist, zeigt folgendes Beispiel. Es sei 1048576 zu dividieren durch 8192. Man hat 128 erhalten und will zur Bestätigung des Resultats die Neunerprobe machen. Die Zahl 1048576 ergiebt den Neunrest 4, 8192 den Neunrest 2, $4 : 2 = 2$, also muss 2 der Neunrest von 128 sein, was stimmt. Dabei kann es kommen, dass die Division der Neunreste nicht aufgeht. Dann hat man beim Dividendus 9 so oft zu addieren, bis man eine Zahl erhält, durch die der Neunrest des Divisors teilbar ist. Z. B. sei 1872134 der Dividendus, 473 der Divisor. Die zugehörigen Neunreste sind 8 und 5. Da 8 durch 5 nicht aufgeht, so addiere man zu 8 die Zahl 9 so oft, bis eine durch 5 teilbare Zahl kommt. Man erhält 17, 26, 35. Die Zahl 35 ist durch 5 teilbar. Man erhält 7 als Quotient. Folglich muss auch das Resultat der Division von 1872134 durch 473 den Neunrest 7 haben. Da das Resultat der Division 3958 ist, und 3958 den Neunrest 7 hat, so stimmt die Neunerprobe. Namentlich erweist sich die Neunerprobe beim Multiplizieren von vielziffrigen Zahlen als wertvoll.

Auf dem Nehmen des Neunerrestes beruhen auch mehrere Zahlenkunststücke, von denen besonders das folgende überraschend wirkt. Man lasse jemand eine ganz beliebige vielziffrige Zahl hinschreiben. Man bitte ihn dann, eine Zahl darunter zu schreiben, die aus genau denselben Ziffern sich zusammensetzt, aber in ganz beliebiger andrer Anordnung. Dann lasse man die kleinere der beiden Zahlen von der grösseren subtrahieren und in der erhaltenen Differenz*) eine beliebige Ziffer, die nicht Null ist, ausstreichen. Die durch dieses Ausstreichen entstandene vielziffrige Zahl lasse man nochmal aufschreiben und sich zeigen. Dann kann man aus dieser Zahl bestimmen, welche Ziffer ausgestrichen wurde, ohne eine Ahnung davon zu haben, welche Zahl anfänglich aufgeschrieben war. Man hat nämlich von der Zahl, die einem gezeigt wird, den Neunerrest zu nehmen und denselben von 9 abzuziehen. Dann erhält man stets die ausgestrichene Ziffer. Es sei z. B. anfänglich die Zahl

4735892006

aufgeschrieben. Darunter werde dann geschrieben:

2004589673.

---

*) Wenn man will, kann man die Differenz auch erst noch mit einer ganz beliebigen Zahl multiplizieren lassen, und in dem erhaltenen Produkte eine beliebige Ziffer ausstreichen lassen.

Die Differenz beider Zahlen ergiebt:

2731302333.

Es werde dann, wollen wir annehmen, die Ziffer 1 ausgestrichen. Dann wird einem also die Zahl

273302333

gezeigt. Ihr Neuner-Rest ist 8. Also ist $9 - 8 = 1$ die ausgestrichene Ziffer. Warum dies immer stimmen muss, erkennt man, wenn man daran denkt, dass der Minuendus und der Subtrahendus der Subtraktion dieselben Ziffern, also auch dieselbe Quersumme und deshalb denselben Neuner-Rest besitzen. Folglich muss ihre Differenz durch 9 teilbar sein, also muss die ausgestrichene Ziffer und der Neunrest der durch das Ausstreichen entstehenden Zahl die Summe 9 haben. Man hat also nur den Neunrest der Zahl, die einem gezeigt wird, von 9 zu subtrahieren, um die ausgestrichene Ziffer zu erhalten.

§ 8.

Würfel-Kunststücke.

Die Aufgabe, die Zahlen zu erraten, die gewürfelt werden, gehört in die Gruppe der in § 1 behandelten Aufgaben, sobald bei der Lösung derselben einzig und allein arithmetische Operationen benutzt werden, nicht aber auch die besondere Beschaffenheit eines Würfels. Die Würfel, wie sie seit einigen Jahrhunderten üblich sind, enthalten 6 Flächen, auf denen die sechs Zahlen von 1 bis 6, dargestellt durch 1 bis 6 Punkte, angebracht sind, aber immer derartig, dass zwei Zahlen, die zusammen 7 ergeben, auf zwei gegenüberliegenden, also einander parallelen Würfelflächen stehen. Wenn also bei einem Würfel die Zahl a oben liegt, und der Würfel umgekehrt wird, so erscheint die Zahl $7 - a$ oben. Auf dieser besonderen Beschaffenheit der Würfel beruhen mehrere Kunststücke, von denen wir hier nur zwei, die von verschiedener Natur sind, hervorheben:

1. Um zu raten, welche beiden Zahlen jemand mit zwei Würfeln geworfen hat, lasse man den ersten Würfel umkehren und sich die nun entstandene Augensumme sagen. Darauf lasse man auch den zweiten

Würfel umkehren und sich gleichfalls die dadurch erschienene Augensumme sagen. Die beiden Zahlen, die man gehört hat, addiere man, subtrahiere die Summe von 21 und halbiere den Rest. Dann erhält man die erste der beiden zu ratenden Zahlen. Ferner addiere man 7 zu der zuerst genannten Zahl und subtrahiere von der erhaltenen Summe die zu zweit genannte Zahl. Die Hälfte des Restes ergiebt die zweite zu ratende Zahl. Es sei z. B. geworfen:

Nach Umkehrung des ersten Würfels ist die Augensumme $2 + 4 = 6$. Nach darauf folgender Umkehrung des zweiten Würfels ist die Augensumme $2 + 3 = 5$. Die Zahlen 6 und 5, die man hört, addiert man. Dies giebt 11, 21 minus 11 ergiebt 10, wovon die Hälfte 5, die Zahl des ersten Würfels ist. Ferner ist $6 + 7 = 13$, $13 - 5 = 8$, also ist die Hälfte von 8, d. h. 4, die Zahl des zweiten Würfels.

2. Um einen Wurf von drei Würfeln zu raten, lasse man die drei Würfel nebeneinandersetzen. Dahinter lasse man noch drei Würfel setzen, die in derselben Reihenfolge denselben Wurf darstellen. Darauf lasse man die drei angesetzten Würfel umkehren, so dass nun 6 Würfel nebeneinanderstehen. Dieselben stellen eine sechsziffrige Zahl dar. Diese sechsziffrige Zahl lasse man erst durch 37 und den erhaltenen Quotienten noch durch 3 dividieren. Die Divisionen

müssen immer aufgehen. Was nach der Division durch 3 herauskommt, ist eine vierziffrige Zahl, die man sich sagen lässt. Von ihr subtrahiere man 7, den Rest dividiere man durch 9. Dadurch erhält man eine dreiziffrige Zahl, deren drei Ziffern den zu ratenden Wurf darstellen. Angenommen, es habe jemand

gewürfelt. Nachdem er dann drei Würfel, die denselben Wurf darstellen, dahintergesetzt hat, und dieselben umgekehrt hat, hat er das folgende Bild vor sich:

Diese 6 Würfel stellen die Zahl 263 514 dar. Diese, durch 37 dividiert, ergiebt 7122, diese Zahl, durch 3 geteilt, giebt 2374. Die Zahl 2374 wird nun dem, der den Wurf erraten will, mitgeteilt. Man hat 7 abzuziehen und durch 9 zu dividieren. So erhält man erst 2367 und dann 263. Also sind die Augen zwei, sechs und drei geworfen. Warum dies immer stimmen muss, erkennt man aus Folgendem. Die durch den Wurf dargestellte dreiziffrige Zahl heisse a, dann wird die Zahl 777 — a dahintergesetzt, so dass die entstehende sechsziffrige Zahl heisst:

$$1000\,a + (777 - a).$$

Dies ist aber 999 a + 777. Diese Zahl ergiebt nach der Division durch 37:

$$27\,a + 21,$$

also kommt nach der Division durch 3 die Zahl 9 a + 7. Diese Zahl, die man hört, hat man also zunächst um 7 zu vermindern. Dann erhält man 9 . a, woraus man durch Division mit 9 die gesuchte Zahl a erhält.

§ 9.

Dominoketten.

Auf jedem Stein eines Dominospiels sind zwei Zahlen durch Punkte, also in natürlicher Zifferschrift, dargestellt, wobei auch die Zahl 0, gekennzeichnet durch einen leeren Platz, mit berücksichtigt ist. In dieser Weise sind bei einem richtigen Dominospiel alle denkbaren Paare von je zwei der Zahlen von 0 bis n vorhanden, wobei auch die $n + 1$ Paare von zwei gleichen Zahlen nicht fehlen dürfen, die man Pasche nennt. So ergeben sich $\frac{1}{2}(n + 1)(n + 2)$ Steine für ein vollständiges Dominospiel. Die Kombinationslehre ergiebt auch eine Formel für die Summe aller Augen auf den sämtlichen Steinen eines Dominospiels, nämlich $\frac{1}{2}n(n + 1)(n + 2)$.*) Bei den im Handel vorkommenden Spielen ist n eine der Zahlen 6, 7, 8 oder 9. Da jeder Dominostein durch die Summe der Augen, die sich auf ihm befinden, eine bestimmte Zahl darstellt, so lassen sich aus Dominosteinen auch magische Quadrate (vgl. dort)

---

*) Denn jede Zahl kommt auf einem Pasch zweimal und ausserdem noch n mal, im ganzen also $(n + 2)$ mal vor. Die Summe aller Zahlen von 0 bis n ist ferner $\frac{1}{2}n(n + 1)$. Also ist die gesamte Augensumme $\frac{1}{2}n(n + 1)(n + 2)$.

zusammensetzen. Doch übergehen wir hier derartige Anordnungen von Dominosteinen, weil sie mit dem Wesen des Dominospiels nichts zu thun haben. Ebensowenig hat mit dem Charakter des Domino das Kunststück zu thun, das man aus dem in § 5 behandelten erhält, wenn man bei demselben die Karten durch Dominosteine ersetzt. Die Hauptregel des Dominospiels verlangt, dass eine Kette von Steinen derartig gebildet wird, dass immer zwei gleiche Zahlen zusammenstossen. Wenn die Zahlen auf den Steinen nicht durch Punkte, sondern durch gewöhnliche Ziffern dargestellt werden, wie im Folgenden geschehen soll, so sieht eine solche Kette folgendermassen aus:

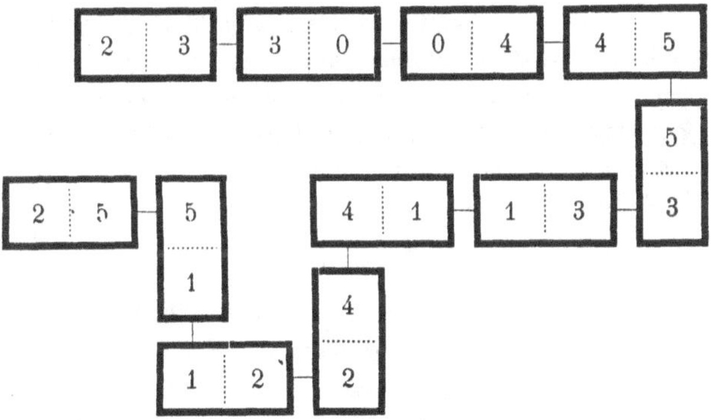

Endigt eine solche Dominokette mit derselben Zahl, mit der sie auch anfängt, so dass sie als eine in sich zurücklaufende Linie gelegt werden kann, so heisst die Kette g e s c h l o s s e n. Da bei einer Kette immer zwei gleiche Zahlen einander benachbart sind, so kommt ausser der Anfangszahl und der Schlusszahl jede Zahl eine gerade Anzahl mal vor. Bei einer geschlossenen Kette kommt also j e d e Zahl eine gerade Anzahl mal vor. Folglich lässt sich bei einem Spiel, dessen Steine die Zahlen-Paare von 0 bis n enthalten, eine geschlossene Kette aus a l l e n Steinen bilden, wenn die Anzahl, wie oft jede Zahl vorkommt, also $n + 2$, eine gerade Zahl ist, d. h., wenn n eine gerade Zahl ist, also etwa 6 oder 8. Wenn aber n, also auch $n + 2$, ungerade ist, so lassen sich alle Steine zu $\frac{1}{2}(n + 1)$ ungeschlossenen Ketten zusammenlegen, wobei auch ein einzelner Stein, der nicht Pasch ist, als eine ungeschlossene Kette zu betrachten ist. Dabei lässt sich auch erreichen, dass alle Ketten, mit Ausnahme einer, aus einem einzelnen Stein bestehen. Folglich müssen sich alle Steine zu $\frac{1}{2}(n - 1)$ einzelnen Steinen und einer ungeschlossenen Kette zusammenstellen lassen. Daher ist, wenn n ungerade ist, die Maximalzahl der Steine einer ungeschlossenen Kette, gleich dem Überschuss der Gesamtzahl $\frac{1}{2}(n + 1)(n + 2)$ über $\frac{1}{2}(n - 1)$, d. h. gleich:

$$\frac{1}{2}(n^2 + 2n + 3).$$

Ist aber n gerade, so lassen sich alle Steine verwenden, um eine einzige geschlossene Kette zu erhalten. In einer geschlossenen Kette aller Steine mit Ausschluss der $n + 1$ Pasche kann jeder Pasch an $\frac{1}{2}n$ Stellen liegen. Folglich ist die Gesamtzahl aller denkbaren Ketten aus allen $\frac{1}{2}(n + 1)(n + 2)$ Steinen $(\frac{1}{2}n)^{n+1}$ mal so gross als die Zahl aller denkbaren Möglichkeiten, aus den $\frac{1}{2}n(n + 1)$, die nicht Pasche sind, eine geschlossene Kette zu legen. Die letztere Zahl ist für $n = 4$ von

Herrn Lucas in seinen Récréations zu 63360 angegeben, und für n = 6 von Herrn Reiss in Frankfurt a. M. (in den Annali di Matematica pura ed applicata 1871), zu 129 millionen und 976320 berechnet.

Der Umstand, dass bei geradem n alle $\frac{1}{2}(n+1)(n+2)$ Steine sich zu einer geschlossenen Kette zusammenlegen lassen, giebt zu einer überraschenden Täuschung Veranlassung. Entfernt man nämlich heimlich aus dem Dominospiel einen Stein, der nicht Pasch ist, so müssen die übrigen Steine, wie man sie auch der Spielregel gemäss legen mag, immer eine ungeschlossene Kette bilden, deren Anfangszahl und Schlusszahl die beiden Zahlen sind, die auf dem heimlich entfernten Steine stehen, so dass man imstande ist, demjenigen, der die Kette legt, von vornherein zu sagen, dass er, wie er auch die Steine anordnen mag, immer, wenn er mit der Zahl a anfängt, mit der Zahl b endigen muss, wo a und b die beiden Zahlen des heimlich entfernten Steins sind. Man kann das Kunststück auch so einrichten, dass man dem andern, der die Kette legen will, sagen lässt, mit welcher Zahl er anfangen und endigen möchte und wieviel Steine er verwenden möchte. Man nimmt dann Steine von solcher Beschaffenheit fort, dass sich aus ihnen eine ungeschlossene Kette legen lässt, die mit denselben Zahlen anfängt und schliesst, die vom andern bei seiner Kette als Anfangs- und Schlusszahl gewünscht sind. Wenn z. B. bei einem Dominospiel, bei dem n = 6 ist, also 28 Steine vorhanden sind, der andere wünscht, mit 23 Steinen eine Kette zu legen, die mit 4 anfängt und mit 5 schliesst, so hat man 5 Steine fortzunehmen, die eine Kette bilden, deren Endzahlen 4 und 5 sind, z. B. die folgenden:

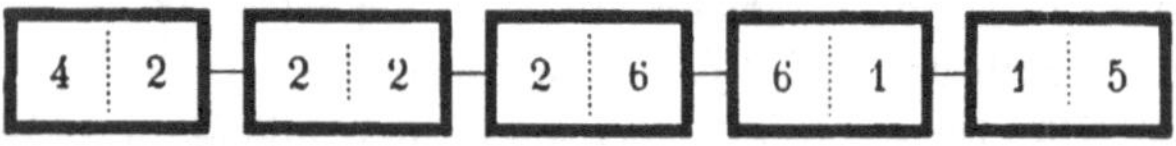

Nachdem diese 5 Steine entfernt sind, kann aus den 23 übrigen Steinen eine einzige Kette noch auf mannigfache Arten gelegt werden, immer aber müssen 4 und 5 die Endzahlen sein.

Bei ungeradem n müssen mindestens $\frac{1}{2}$ (n — 1) Steine heimlich entfernt werden, damit sich aus den übrigen Steinen eine Kette mit vorgeschriebenen Endzahlen legen lässt, und zwar müssen die zu entfernenden $\frac{1}{2}$ (n — 1) Steine alle Zahlen von 0 bis n mit Ausnahme derjenigen beiden Zahlen umfassen, die als Endzahlen der Kette gewählt sind. Soll z. B. bei einem Dominospiel, bei dem n = 9 ist, also 55 Steine vorhanden sind, eine Kette entstehen, die mit 3 anfängt und mit 7 endigt, so entferne man etwa die Steine:

Natürlich kann man auch mehr Steine entfernen, Es hat z. B. dieselbe Wirkung, ob man den einen Stein 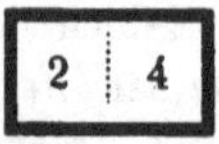 oder, statt dessen die beiden Steine 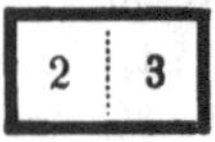 und 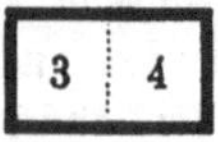 entfernt.

§ 10.

Darstellung aller Zahlen als Summen von Potenzen von Zwei.

Die Beschaffenheit der in fünf Finger gegliederten Hände ist einzig und allein daran schuld, dass die Zahl Zehn der Finger beider Hände die Basis der Zahlwort-Bildung und auch der Zahlzeichen-Bildung bei fast allen Völkern geworden ist. Man kann jedoch, nach Analogie unserer auf dem Stellenwert beruhenden Zifferschrift, auf jeder beliebigen anderen Zahl als Basis eine Zifferschrift aufbauen, nur natürlich nicht auf der Basis 1. Die kleinste Zahl, die als Basis dienen kann, ist also Zwei: So wie wir im Zehner-System ausser 0 noch 9 Ziffern haben, so hat man im Zweier-System ausser 0 nur eine Ziffer, nämlich 1, und diese 1 ist, je nachdem sie, von rechts an gerechnet, die erste, zweite, dritte u. s. w. Stelle einnimmt, als 1, als 2^1, als 2^2 u. s. w. zu rechnen. Im Zweier-System erscheint daher jede Zahl als Summe von Potenzen von Zwei dargestellt. So ist z. B.: $111 = 1 + 2^1 + 2^2 = 7$, ferner:

$$1010011 = 1 + 2^1 + 2^4 + 2^6$$
$$= 1 + 2 + 16 + 64 = 83;$$

$$1110100 = 2^2 + 2^4 + 2^5 + 2^6$$
$$= 4 + 16 + 32 + 64 = 116.$$

Will man umgekehrt eine dekadisch geschriebene Zahl dyadisch, d. h. im Zweiersystem, darstellen, so subtrahiere man von ihr die höchste Potenz von Zwei, die zu subtrahieren geht, den erhaltenen Rest behandele man ebenso und fahre so fort, bis man auf den Rest 0 oder 1 kommt. Jede Potenz von 2, die zu subtrahieren geht, wird durch eine 1 dargestellt, jede fehlende durch eine 0. Soll z. B. die Jahreszahl 1897 dyadisch geschrieben werden, so muss man zunächst erkennen, dass $2^{10} = 1024$ die höchste Potenz von 2 ist, die in 1897 enthalten ist. Der Rest 1897 — 1024 = 873 enthält $2^9 = 512$, 873 — 512 = 361 enthält $2^8 = 256$. Der Rest 361 — 256 = 105 enthält 2^7 nicht, wohl aber $2^6 = 64$. Der Rest 105 — 64 = 41 enthält $2^5 = 32$. Der Rest 41 — 32 = 9 enthält 2^4 nicht, wohl aber $2^3 = 8$. Der Rest 9 — 8 ist gleich 1, so dass die zweite und erste Potenz von 2 fehlen. Daher ist:

$$1897 = 11\,101\,101\,001.$$

Auf der Darstellung der Zahlen durch Potenzen von Zwei beruhen mehrere Kunststücke, von denen hier einige Platz finden sollen.

1. Man fertigt sich 7 Kärtchen an, auf deren erstem alle Zahlen stehen, die in dyadischer Zifferschrift mit einer 1 endigen, d. h. alle ungeraden Zahlen. Auf das

zweite Kärtchen bringt man alle Zahlen, deren vorletzte dyadische Ziffer eine 1 ist, also 2, 3, 6, 7, 14, 15 u. s. w. Auf das dritte Kärtchen kommen alle Zahlen, deren von rechts dritte Ziffer in dyadischer Zifferschrift eine 1 ist, wie 4, 5, 6, 7, 12, 13, 14, 15 u. s. w. Das siebente Kärtchen würde die Zahlen von 64 bis 127 enthalten. Man bittet dann jemand, sich eine Zahl unter 128 zu denken, giebt ihm nacheinander die 7 Kärtchen, und lässt sich jedesmal sagen, ob die gedachte Zahl auf dem Kärtchen ist oder nicht. Die Summe der ersten Zahlen derjenigen Kärtchen, auf denen die gedachte Zahl steht, ergiebt dieselbe. War z. B. 77 die gedachte Zahl, so würde dieselbe als auf dem ersten, dritten, vierten und siebenten Kärtchen befindlich gemeldet werden müssen, wonach man zu rechnen hätte:

$$1 + 4 + 8 + 64 = 77.$$

Statt der Zahlen kann man auch Vornamen, Städte-Namen u. s. w. nehmen, die in gewisser Weise den Zahlen zugeordnet sind, etwa gemäss einer Tabelle, die man willkürlich zusammengestellt hat. Statt 7 Kärtchen kann man natürlich auch weniger oder mehr nehmen. Bei n Kärtchen kann man $2^n - 1$ Zahlen oder Namen raten lassen.

2. Auf einem Tisch liegt eine gewisse Anzahl gleichartiger Gegenstände, etwa Spielmarken. Die Person A will dieselbe raten und bittet B, er möchte, während A abwesend ist, von den Spielmarken nacheinander immer eine mit der rechten Hand und eine mit der

linken Hand aufnehmen, die mit der rechten Hand aufgenommenen in einen Sammeltopf werfen, die mit der linken Hand aufgenommenen aber auf den ersten von einer Anzahl von Tellern legen, die in gerader Linie auf dem Tisch stehen müssen. Bleibt dabei eine Spielmarke übrig, so soll B dieselbe auf den Tisch oberhalb des ersten Tellers legen. Dann soll mit den auf dem ersten Teller liegenden Spielmarken ebenso verfahren werden, indem die mit der rechten Hand aufgenommenen in den Sammeltopf geworfen, die mit der linken Hand aufgenommenen aber auf den zweiten Teller gelegt werden, und, falls eine übrig bleibt, dieselbe oberhalb des zweiten Tellers Platz finden soll. So fortfahrend, muss B schliesslich alle Spielmarken in den Sammeltopf geworfen haben, mit Ausnahme der wenigen, die auf dem Tisch oberhalb des einen oder des anderen Tellers liegen werden. Schliesslich muss es kommen, dass auf einem Teller nur eine einzige Spielmarke liegt, die man dann oberhalb des Tellers zu legen hat. Wenn dann A an den Tisch herantritt, so kann er die Anzahl der Spielmarken raten, die ursprünglich auf dem Tisch lagen. Er hat nur bei jedem Teller, über dem eine Spielmarke liegt, eine Potenz von 2 zu addieren, und zwar beim n-ten Teller die (n — 1)te Potenz von 2. Angenommen, A finde das folgende Bild vor:

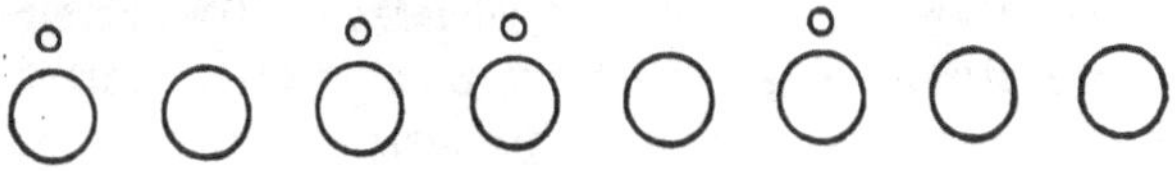

Er hat dann zu rechnen:

$$1 + 4 + 8 + 32 = 45.$$

Es waren also ursprünglich 45 Spielmarken auf dem Tisch.

3. Noch überraschender wirkt die Benutzung der Eigenschaft jeder Zahl, eine Summe von Potenzen von Zwei zu sein, bei dem folgenden Kunststück. A und B haben verabredet, dass die beiden Flächen einer Münze 0 und 1 einer dyadisch geschriebenen Zahl bedeuten sollen, also etwa die Wappenseite 0, die Schriftseite 1 darstellen soll. A geht hinaus, während B von den Teilnehmern der Gesellschaft eine Zahl verabreden lässt, die A raten soll. B düpiert die Gesellschaft, indem er sagt, dass A imstande wäre, allein aus den Winkeln, unter denen Münzen zu einander gelegt werden, jede beliebige Zahl zu erraten. B nimmt daher irgend welche Münzen und stellt durch sie die verabredete Zahl dyadisch dar, indem er eine Münze, bei der die Schriftseite nach oben liegt, als 1 rechnet, und eine, bei der die Wappenseite nach oben liegt, als 0 rechnet. Um zu täuschen und die Gesellschaft nicht auf den Gedanken kommen zu lassen, dass es bei dem Kunststück wesentlich ist, welche Seite oben liegt, wird B mit den Münzen Figuren bilden, und so thun, als ob er sich Mühe giebt, die Winkel möglichst genau zu legen. Angenommen, die Gesellschaft habe die Zahl 217 verabredet. Dann wird B etwa das folgende Münzenbild legen, in dem jeder Kreis eine Münze darstellen, und W bezw. S andeuten soll, ob die Wappenseite oder die Schriftseite oben liegt:

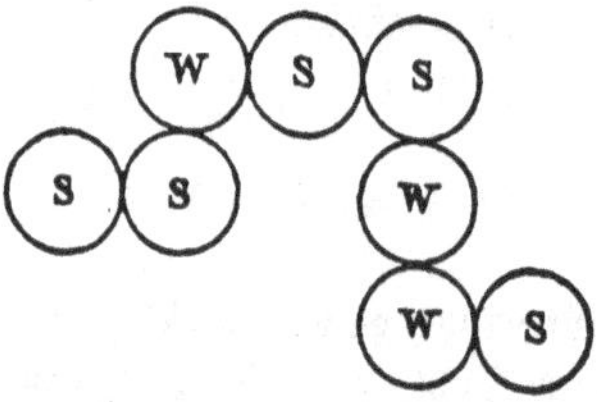

A kommt an den Tisch und erkennt aus den darauf liegenden Münzen, die er von rechts nach links ansieht, dass die verabredete Zahl

$$1 + 8 + 16 + 64 + 128 = 217$$

war.

§ 11.

Das Bachetsche Gewichtsproblem.

Schon in dem Bachetschen Buche „Problèmes plaisants et délectables“ findet sich die Aufgabe, welche Gewichtsstücke vorhanden sein müssen, damit man auf einer Wage jede ganze Zahl von Pfunden bis 40 wiegen könne, wenn es darauf ankommt, möglichst wenig solcher Gewichtsstücke zu haben. Wenn nur die eine Wagschale zum Aufsetzen der Gewichte benutzt werden soll, so ergiebt sich, dass die Zahlen, welche angeben, wieviel Pfund jedes Gewichtsstück wiegt, die aufeinanderfolgenden Potenzen von Zwei sein müssen, da, wie in § 10 gezeigt ist, jede ganze Zahl als Summe von Potenzen der Zahl Zwei darstellbar ist. Wenn aber beide Wagschalen zum Aufsetzen der Gewichte benutzt werden dürfen, also auch Gewichte subtrahiert werden dürfen, so sind die Potenzen von Drei die Zahlen, welche angeben, wieviel Pfund die Gewichtsstücke wiegen müssen. Um also jede ganze Zahl von Pfunden bis 40 wiegen zu können, müssen vier Gewichtsstücke vorhanden sein, die

$$1, \ 3, \ 9, \ 27$$

Pfund wiegen. In der That kann man durch Additionen und Subtraktionen, die nur zwischen diesen vier Zahlen oder einigen von ihnen, bewerkstelligt werden, jede ganze Zahl bis 40 erreichen, wie die folgende Tabelle zeigt:

$1 = 1$	$9 = 9$	$17 = 27 - 9 - 1$
$2 = 3 - 1$	$10 = 9 + 1$	$18 = 27 - 9$
$3 = 3$	$11 = 9 + 3 - 1$	$19 = 27 - 9 + 1$
$4 = 3 + 1$	$12 = 9 + 3$	$20 = 27 - 9 + 3 - 1$
$5 = 9 - 3 - 1$	$13 = 9 + 3 + 1$	$21 = 27 - 9 + 3$
$6 = 9 - 3$	$14 = 27 - 9 - 3 - 1$	$22 = 27 - 9 + 3 + 1$
$7 = 9 - 3 + 1$	$15 = 27 - 9 - 3$	$23 = 27 - 3 - 1$
$8 = 9 - 1$	$16 = 27 - 9 - 3 + 1$	$24 = 27 - 3$

$25 = 27 - 3 + 1$	$33 = 27 + 9 - 3$
$26 = 27 - 1$	$34 = 27 + 9 - 3 + 1$
$27 = 27$	$35 = 27 + 9 - 1$
$28 = 27 + 1$	$36 = 27 + 9$
$29 = 27 + 3 - 1$	$37 = 27 + 9 + 1$
$30 = 27 + 3$	$38 = 27 + 9 + 3 - 1$
$31 = 27 + 3 + 1$	$39 = 27 + 9 + 3$
$32 = 27 + 9 - 3 - 1$	$40 = 27 + 9 + 3 + 1$

Man erkennt leicht, dass es mit weniger Gewichten nicht möglich sein kann, alle Zahlen von 1 bis 40 darzustellen, und dass man überhaupt, mit Hülfe der addierten oder subtrahierten Potenzen von Drei:

$$1, 3, 9, 27, 81, \ldots 3^n$$

alle Zahlen von 1 bis $\frac{1}{2}(3^{n+1} - 1)$ darstellen kann.

Das Bachetsche Gewichtsproblem ist seit seinem ersten Erscheinen 1612 in sehr vielen Büchern und Zeitschriften bis auf den heutigen Tag wiederholt worden. Doch hat es erst neuerdings eine mathematisch behandelte Erweiterung erfahren, und zwar durch den Major Macmahon in seiner Abhandlung „Certain special partitions of numbers“ (im Quarterly Journal of Mathematics, 1886). Dort wird die allgemeinere Aufgabe behandelt, auf welche Weise es überhaupt möglich ist, alle Gewichte von 1 Pfund bis n Pfund zu wiegen, wenn die Gewichtsstücke gleich oder verschieden schwer vorausgesetzt werden. Aus den entwickelten Formeln ergiebt sich z. B. für n = 40, dass es auf achtfache Weise möglich ist, jede ganze Zahl von Pfunden von 1 Pfund bis 40 Pfund zu wiegen, wenn die Bedingung hinzukommt, dass nur Gewichtsstücke von 1, 3, 9, 27 Pfund verwandt werden sollen, und dass jedes Gewicht nur auf einerlei Weise darstellbar sein soll. Die 8 Möglichkeiten sind:

erstens: 40 Gewichtsstücke von je 1 Pfund;

zweitens: 1 Gewichtsstück von 1 Pfund und 13 von je 3 Pfund;

drittens: 4 Gewichtsstücke von je 1 Pfund und 4 von je 9 Pfund;

viertens: 1 Gewichtsstück von 1 Pfund, 1 von 3 Pfund und 4 von je 9 Pfund;

fünftens: 13 Gewichtsstücke von je 1 Pfund und 1 von 27 Pfund;

sechstens: 1 Gewichtsstück von 1 Pfund, 4 von 3 Pfund, 1 von 27 Pfund;

siebentens: 4 Gewichtsstücke von 1 Pfund, 1 von 9 Pfund, 1 von 27 Pfund;

achtens: 1 Gewichtsstück von 1 Pfund, 1 von 3 Pfund, 1 von 9 Pfund und 1 von 27 Pfund.

Die achte Möglichkeit giebt die Lösung des Bachetschen Problems. Man erkennt, dass diese Lösung diejenige ist, bei der am wenigsten Gewichtsstücke gebraucht werden, und auch die einzige ist, bei der alle Gewichtsstücke verschieden wiegen.

Man beachte wohl, dass die obigen acht Lösungen der Bedingung genügen, dass man nicht allein gerade 40 Pfund wiegen kann, sondern jede beliebige ganze Zahl von Pfunden von 1 bis 40. Dies verdeutlicht z. B. die folgende, auf die dritte Lösung bezügliche Tabelle:

$1 = 1$
$2 = 1 + 1$
$3 = 1 + 1 + 1$
$4 = 1 + 1 + 1 + 1$
$5 = 9 - 1 - 1 - 1 - 1$
$6 = 9 - 1 - 1 - 1$
$7 = 9 - 1 - 1$
$8 = 9 - 1$
$9 = 9$
$10 = 9 + 1$
$11 = 9 + 1 + 1$
$12 = 9 + 1 + 1 + 1$
$13 = 9 + 1 + 1 + 1 + 1$
$14 = 9 + 9 - 1 - 1 - 1 - 1$
$15 = 9 + 9 - 1 - 1 - 1$
$16 = 9 + 9 - 1 - 1$
$17 = 9 + 9 - 1$
$18 = 9 + 9$
$19 = 9 + 9 + 1$
$20 = 9 + 9 + 1 + 1$
$21 = 9 + 9 + 1 + 1 + 1$
$22 = 9 + 9 + 1 + 1 + 1 + 1$
$23 = 9 + 9 + 9 - 1 - 1 - 1 - 1$
$24 = 9 + 9 + 9 - 1 - 1 - 1$
$25 = 9 + 9 + 9 - 1 - 1$
$26 = 9 + 9 + 9 - 1$
$27 = 9 + 9 + 9$
$28 = 9 + 9 + 9 + 1$
$29 = 9 + 9 + 9 + 1 + 1$
$30 = 9 + 9 + 9 + 1 + 1 + 1$
$31 = 9 + 9 + 9 + 1 + 1 + 1 + 1$

$$32 = 9 + 9 + 9 + 9 - 1 - 1 - 1 - 1$$
$$33 = 9 + 9 + 9 + 9 - 1 - 1 - 1$$
$$34 = 9 + 9 + 9 + 9 - 1 - 1$$
$$35 = 9 + 9 + 9 + 9 - 1$$
$$36 = 9 + 9 + 9 + 9$$
$$37 = 9 + 9 + 9 + 9 + 1$$
$$38 = 9 + 9 + 9 + 9 + 1 + 1$$
$$39 = 9 + 9 + 9 + 9 + 1 + 1 + 1$$
$$40 = 9 + 9 + 9 + 9 + 1 + 1 + 1 + 1.$$

§ 12.

Erraten von Besitzern verschiedener Sachen.

Drei Personen I, II, III sitzen um einen Tisch, auf dem drei kleine Gegenstände a, b, c und 24 Spielmarken liegen. Eine vierte Person D giebt von den Spielmarken eine an I, zwei an II, drei an III. In Abwesenheit von D eignet sich jede von den drei Personen einen von den drei Gegenständen a, b, c an und steckt ihn in die Tasche. D erbietet sich nun, zu raten, welchen Gegenstand I, welchen II und welchen III fortgenommen hat, falls in seiner Abwesenheit folgendes stattfindet. Von den übrig gebliebenen 18 Spielmarken soll die Person, welche sich den Gegenstand a genommen hat, so viel Spielmarken nehmen, als ihr D anfänglich gegeben hat, ferner die Person, welche sich b genommen hat, doppelt so viel, wie ihr D gegeben hat, und endlich die Person, welche sich c genommen hat, viermal so viel, wie ihr D gegeben hat. D ist dann imstande, aus der Anzahl der noch auf dem Tische liegenden Spielmarken zu ersehen, welchen Gegenstand die Person I, welchen II und welchen III genommen hat.

Dieses von Bachet in seinen „Problèmes plaisants et délectables“ (No. XXV) aufgestellte und genau erörterte Problem ist seitdem in vielen Büchern und Unterhaltungszeitschriften mit unwesentlichen Varianten reproduziert worden. Die drei Gegenstände a, b, c können an die drei Personen I, II, III auf sechserlei Weise verteilt werden. Schreibt man nämlich von den drei Buchstaben a, b, c denjenigen an erster, zweiter oder dritter Stelle, mit dem der von I, II oder III genommene Gegenstand bezeichnet ist, so ergeben sich die 6 durch Permutieren der Buchstaben a, b und c entstehenden Tripel. Bei jeder der 6 möglichen Verteilungsarten kommt eine andere Summe der fortgenommenen Spielmarken, also auch eine andere Anzahl der auf dem Tisch liegen gebliebenen heraus, wie aus der folgenden Tabelle ersichtlich ist:

Verteilung:	Fortgenommen:	Rest:
a b c	$1.1+2.2+3.4=17$	1
a c b	$1.1+2.4+3.2=15$	3
b a c	$1.2+2.1+3.4=16$	2
b c a	$1.2+2.4+3.1=13$	5
c a b	$1.4+2.1+3.2=12$	6
c b a	$1.4+2.2+3.1=11$	7

Um den Zusammenhang der 6 Restzahlen 1, 3, 2, 5, 6, 7 mit den 6 Verteilungsarten leicht im Gedächtnis behalten zu können, hat schon Bachet einen Merk-Vers angegeben. Nimmt man statt der ersten drei Buchstaben a, b, c die drei ersten Vokale a, e, i, so lässt sich die Beziehung der Reste zu den Verteilungsarten durch den folgenden Vers behalten:

Par fer, César, jadis, devint, si grand, prince. Die hierin enthaltenen Worte bezw. Wortpaare beziehen sich, der Reihenfolge nach, auf die Reste 1, 2, 3, 5, 6, 7. Hat man so aus dem übrig gebliebenen Rest das Wort oder Wortpaar des Merkverses, so geben die beiden darin enthaltenen Vokale der Reihe nach an, welchen Gegenstand I und welchen II genommen hat, woraus dann von selbst folgt, welchen Gegenstand III genommen hat. Waren z. B. 2 Spielmarken liegen geblieben, so giebt der Merkvers das Wort „César“. Da e der zweite, a der erste Vokal des Alphabets ist, so hat I den zweiten Gegenstand, II den ersten, also III den dritten genommen. Waren 6 Spielmarken liegen geblieben, so ergiebt „si grand“, dass I den dritten, II den ersten, also III den zweiten Gegenstand genommen hat. Oughtred, dessen „Mathematical Recreations“ in London 1653 erschienen, gab als mnemotechnisches Hülfsmittel statt des Bachetschen französischen Verses den folgenden lateinischen Vers:

Salve certa animae semita vita quies.

Schon Bachet hat sein Problem von drei Personen und drei Sachen auf vier Personen und vier Sachen ausgedehnt. Die Anzahl der auf dem Tisch liegenden Spielmarken ist in diesem Falle bei ihm 78. Die Personen I, II, III, IV haben mit den Zahlen 1, 2, 3, 4 zu multiplizieren, und die zweiten Faktoren, die von den vier genommenen Gegenständen abhängen, sind 1, 4, 16, 0. Es sind 24 Verteilungsarten möglich, die von den Anzahlen der auf dem Tisch zurückgebliebenen Spielarten so abhängen, wie die folgende

Tabelle angiebt, wo die vier Sachen a, b, c, d genannt sind.

Reste	I	II	III	IV
0	d	a	b	c
1	a	d	b	c
3	d	b	a	c
5	a	b	d	c
7	b	d	a	c
8	b	a	d	c
12	d	a	c	b
13	a	d	c	b
18	d	b	c	a
21	a	b	c	d
22	b	d	c	a
24	b	a	c	d

Reste	I	II	III	IV
27	d	c	a	b
29	a	c	d	b
30	d	c	b	a
33	a	c	b	d
38	b	c	d	a
39	b	c	a	d
43	c	d	a	b
44	c	a	d	b
46	c	d	b	a
48	c	a	b	d
50	c	b	d	a
51	c	b	a	d

Die Verteilung von 4 Sachen unter 4 Personen ist vor Bachet schon in einem von Diego Palomino verfassten und 1599 erschienenen Buche behandelt, in der auch die magischen Quadrate besprochen sind.

Denkt man sich statt der den Personen zugewiesenen Zahlen von 1 bis 4 die allgemeinen Zahlen

$$a_1, a_2, a_3, \ldots a_n$$

und statt der den vier Sachen zugewiesenen Zahlen 1, 4, 16, 0 die allgemeinen Zahlen

$$x_1, x_2, x_3, \ldots x_n,$$

so gelangt man von dem Bachetschen Probleme zu dem folgenden mathematischen Probleme: Wenn man bei jedem der n! durch Permutation von $x_1, x_2, \ldots x_n$ entstehenden Komplexe die n darin auftretenden Grössen der Reihe nach mit den gegebenen Zahlen $a_1, a_2, a_3 \ldots a_n$ multipliziert, und die erhaltenen n Produkte addiert, so entstehen als Summen n! Zahlen, die alle verschieden sein sollen. Wie sind dann $x_1, x_2, x_3, \ldots x_n$ zu bestimmen?

Falls $a_1, a_2, \ldots a_n$ die Zahlen von 1 bis n bedeuten, hat Herr Labosne, der Bearbeiter der 1879 erschienenen vierten Auflage des Bachetschen Buches, eine Methode angegeben (vgl. dort Note IV), die immer zu einer Lösung führt. Doch fehlt bis jetzt eine allgemeine Behandlung des Problems. Auch fügte Herr Labosne hinzu, dass man die auf die 4 Gegenstände bezüglichen Bachetschen Zahlen 1, 4, 16, 0 auch durch 1, 2, 5, 15 ersetzen kann, falls den 4 Personen die Zahlen 1, 2, 3, 4 zugewiesen werden.

§ 13.

Spiel von zwei Personen, die abwechselnd addieren.

A und B verabreden ein Spiel, das darin besteht, dass jeder eine grössere Zahl nennt, als diejenige ist, die der andere eben genannt hat, dass aber der Überschuss einer genannten Zahl über die vorher genannte Zahl nicht grösser ist als zehn, und dass derjenige gewonnen hat, der zuerst die Zahl „Hundert" zu nennen berechtigt ist.

Bei diesem schon von Bachet mitgeteilten Spiel (Problèmes plaisants et délectables, Problème XXII) gewinnt immer derjenige, der zuerst eine der Zahlen

1, 12, 23, 34, 45, 56, 67, 78, 89

nennen kann, falls er dann weiterhin keine andere Zahl, als eine Zahl derselben Reihe nennt. Wenn er dann 89 genannt hat, so kann der andere, der Spielregel gemäss, keine andere Zahl, als eine der Zahlen von 90 bis 99 nennen, worauf dann sofort 100 genannt werden darf, wodurch das Spiel gewonnen ist. Damit aber einer der Spieler, etwa A, 89 nennen kann, muss er vorher 78 genannt haben, da dann B bei seinem

Addieren unter 89 bleiben muss. Damit ferner A 78 nennen kann, muss er vorher 67 genannt haben u. s. w. Man sieht also, dass man von der Grenzzahl 100 nacheinander 11 abziehen muss, um die Zahlen zu erhalten, die A nennen muss, um sicher zu gewinnen. Ist verabredet, dass B das Spiel beginnen soll und nennt er eine Zahl der obigen Reihe, so muss A verlieren, falls B nie eine andere Zahl, als eine der obigen Reihe nennt. Wenn aber B beginnt und eine nicht jener Reihe angehörige Zahl nennt, so muss A gewinnen, falls er sofort die nächste erlaubte Zahl der obigen Reihe nennt und dann konsequent immer 11 zu der von ihm zuletzt genannten Zahl addiert. Das allgemeine Gesetz, nach dem eine solche Reihe zu bilden ist, ist leicht zu erkennen. Setzt man z statt 100, und ist d der verabredete höchste Überschuss einer genannten Zahl über die vorher genannte, sowie es eben 10 war, so stellt

$$z - n \, . \, (d + 1)$$

die Zahlen dar, die A nacheinander nennen muss, um zu gewinnen. Soll also z. B. derjenige gewinnen, der zuerst 40 sagen kann, und ist 6 der verabredete höchste Überschuss; so hat A, um zu gewinnen, sich aus

$$40 - 7n$$

die Zahlenreihe:

5, 12, 19, 26, 33

zu berechnen, und diese Zahlen nacheinander zu nennen. Wenn beide Spieler, A und B, das Spiel und die zugehörige Reihe kennen, so gewinnt natürlich der, der anfängt, eine Zahl zu nennen.

Eine kleine Variante des Spiels besteht darin, dass derjenige verlieren soll, der zuerst die Zahl z nennen muss. Dann muss A, um zu gewinnen, die Zahlen nennen, die aus

$$z - 1 - n(d + 1)$$

hervorgehen, wenn man für n ganze Zahlen einsetzt, also, falls wieder $z = 40$, $d = 6$ ist,

$$4, 11, 18, 25, 32.$$

Wenn A es erreicht hat, 32 nennen zu dürfen, so muss der andere Spieler B notwendiger Weise eine der Zahlen von 33 bis 38 nennen. Darauf sagt A 39 und B, da er eine grössere Zahl nennen muss, höchstens aber 40 sagen darf, muss 40 sagen, wodurch A gewonnen, B verloren hat.

§ 14.

Vollkommene Zahlen.

Die Griechen liebten es, schon seit der Zeit der Pythagoräer, die ganzen Zahlen hinsichtlich ihrer eigentümlichen Eigenschaften zu studieren. Namentlich wurden die Zahlen hinsichtlich der Summe ihrer Teiler untersucht. Jede Zahl war entweder vollkommen oder überschiessend oder mangelhaft. Vollkommen hiess eine Zahl, wenn die Summe ihrer sämtlichen Teiler ihr gleich ist, überschiessend, wenn die Teilersumme grösser als die Zahl selbst ist, mangelhaft, wenn die Teilersumme kleiner als die Zahl selbst ist. Dabei wurde die Zahl 1 als Teiler mitgezählt, nicht aber die Zahl selbst als ihr eigener Teiler betrachtet. Die Teilersumme einer Zahl findet man leicht aus ihrer Zerlegung in Primfaktoren, wie folgende Beispiele zeigen. Die Zahl 72 ist gleich 8 mal 9, also gleich $2^3 . 3^2$, woraus folgt, dass ihre sämtlichen Teiler, einschliesslich 72 selbst, entstehen, wenn man jede Zahl der Reihe $1, 2, 2^2, 2^3$ mit jeder der Zahl der Reihe $1, 3, 3^2$ multipliziert. Also muss die Summe der Teiler der Zahl 72 herauskommen, wenn man $1 + 2 + 2^2 + 2^3$

mit $1 + 3 + 3^2$ multipliziert und vom erhaltenen Produkt 72 subtrahiert. Man erhält dadurch $15 . 13 - 72 = 195 - 72 = 123$. Da 123 grösser als 72 ist, so ist 72 eine überschiessende Zahl. Prüfen wir zweitens die Zahl 800. Ihre Zerlegung in Primfaktoren ergiebt 4 mal die Primzahl 2, einmal die 5, einmal die 11. Also ist $880 = 2^4 . 5 . 11$, weswegen sich die sämtlichen Teiler von 800 ergeben, wenn man jede Zahl der Reihe 1, 2, 4, 8, 16 mit jeder Zahl der Reihe 1, 5 und das Produkt endlich mit jeder Zahl der Reihe 1, 11 multipliziert. Daraus folgt, das die Teilersumme von 880 gleich

$$(1 + 2 + 4 + 8 + 16)\ (1 + 5)\ (1 + 11) - 880$$

ist, also $31 . 6 . 12 - 880 = 186 . 12 - 880 = 2232 - 880 = 1352$ ist. Also ist auch 880 überschiessend. Dagegen ist 147 eine mangelhafte Zahl, weil $147 = 3 . 7^2$ und $(1 + 3)\ (1 + 7 + 49) - 147 = 228 - 147 = 81 < 147$ ist. Endlich ist die Zahl 496 vollkommen, weil $496 = 2^4 . 31$ ist, und weil $(1 + 2 + 4 + 8 + 16)$ $(1 + 31) - 496 = 31 . 32 - 496 = 992 - 496 = 496$ ist.

Wie schon Euklid um 300 vor Christi Geburt bewiesen hat, entstehen gerade vollkommene Zahlen dadurch, dass man irgend eine Primzahl, die um 1 kleiner ist, als eine Potenz von 2 mit der nächst kleineren Potenz von 2 multipliziert. Es ist z. B. 31 eine Primzahl, die um 1 kleiner ist, als 32, die fünfte Potenz von 2. Multipliziert man 31 mit der nächst niederen Potenz von 2, also mit 16, so entsteht die vollkommene Zahl 496. Dass diese Euklidische Regel immer zu einer vollkommenen Zahl führt, geht aus dem oben dargelegten Verfahren für die Auffindung der Teilersumme einer Zahl hervor. Denn, wenn $2^n - 1$ eine Primzahl ist, so erhält man die Teilersumme der Zahl

$$(2^n - 1) \cdot 2^{n-1}$$

dadurch, dass man die Summe

$$1 + (2^n - 1)$$

mit der Summe

$$1 + 2 + 2^2 + 2^3 + \ldots 2^{n-1}$$

multipliziert und vom erhaltenen Produkte die Zahl selbst subtrahiert. Nun ist:

$$\begin{gathered}(1 + 2^n - 1) \cdot (1 + 2 + 2^2 + \ldots 2^{n-1}) \\ - (2^n - 1) \cdot 2^{n-1} = 2^n \cdot (2^n - 1) - 2^{n-1} \cdot (2^n - 1) \\ = (2^n - 1) \cdot (2^n - 2^{n-1}) = (2^n - 1) \cdot 2^{n-1} \cdot (2 - 1) \\ = (2^n - 1) \cdot 2^{n-1}.\end{gathered}$$

Man sieht also, dass die Teilersumme gleich der Zahl selbst wird. Euler hat bewiesen, dass es keine anderen g e r a d e n vollkommenen Zahlen geben kann, als die auf solche Weise entstehenden. Dass es keine ungeraden vollkommenen Zahlen unterhalb einer sehr hohen Grenze geben kann, ist neuerdings bewiesen. Noch aber ist ein allgemeiner Beweis nicht geliefert, dass es überhaupt keine ungeraden vollkommenen Zahlen geben kann. Von späteren Griechen haben sich besonders Nikomachos und Jamblichos mit vollkommenen Zahlen beschäftigt. Von Jamblichos ist ein ausführlicher Bericht über diese Zahlen verfasst, in dem behauptet wird, dass jede Myriaden-Stufe eine vollkommene Zahl enthält. Unter erster Myriaden-Stufe versteht nämlich Jamblichos die Zahlen von 10^4 bis 10^8, unter zweiter die von 10^8 bis 10^{12} und überhaupt unter n-ter Myriaden-Stufe die Zahlen

$$\text{von } 10^{4n} \text{ bis } 10^{4n+1}.$$

Herr Hultsch hat 1895 und 1896 diese Behauptung des Jamblichos in den Nachr. der Kgl. Sächs. Gesellsch. der Wiss. geprüft und festgestellt, dass die erste myriadische Stufe zwar eine, die zweite aber zwei, die dritte keine, die vierte eine, die fünfte, sechste, siebente, achte keine, die neunte aber wieder eine vollkommene Zahl besitze. Da $(2^p - 1) . 2^{p-1}$ nur dann eine vollkommene Zahl liefert, wenn $2^p - 1$ Primzahl ist, so ist die Aufsuchung der Primzahlen von der Form $2^p - 1$ erforderlich, um alle vollkommenen Zahlen finden zu können. Mit dieser Aufsuchung hat sich besonders Mersenne beschäftigt, und zwar in seinen 1644 erschienenen Cogitata Physico-Mathematica. Zunächst ist einzusehen, dass $2^p - 1$ nur dann Primzahl sein kann, wenn p Primzahl ist. Denn, wenn $p = m . n$ wäre, wo m und n beide grösser als 1 sind, so folgt aus der Teilbarkeit von $x^n - 1$ durch $x - 1$, dass auch $2^{m.n} - 1$ durch $2^m - 1$ teilbar sein muss. Man hat nun nacheinander die Zahlen von der Form $2^p - 1$, wo p Primzahl ist, untersucht, und zwar vorläufig bis $p = 61$. Namentlich hat Herr Seelhof sich dieser mühevollen Arbeit unterzogen. So ist nunmehr festgestellt, dass $2^p - 1$, wo $p \lesseqgtr 61$ ist, nur dann Primzahl ist, wenn p eine der Zahlen

2, 3, 5, 7, 13, 17, 19, 31, 61

ist. Die aus diesen neun Zahlen folgenden Primzahlen von der Form $2^p - 1$ sind folgende:

3, 7, 31, 127, 8191, 131071, 524287, 2147'483647, 2'305843'009213'693951.

Hieraus ergeben sich nach dem oben besprochenen Euklidischen Bildungsgesetz die folgenden neun vollkommenen Zahlen:

6, 28, 496, 8128, 33'550336, 8589'869056, 137438'691328, 2'305843'008139'952128,

und

2'658455'991569'831744'654692'615953'842176.

Es sind also bis jetzt neun vollkommene Zahlen wirklich ausgerechnet, und die grösste unter ihnen ist 37-ziffrig. Es ist auffällig, dass jede dieser Zahlen entweder mit der Ziffer 6 oder mit den Ziffern 28 endigt. Dies ist nicht Zufall, sondern ein allgemeines, für alle geraden vollkommenen Zahlen bewiesenes Gesetz.

Mit der Definition der vollkommenen Zahlen verwandt ist die Definition der „befreundeten“ Zahlen. Befreundet heissen nämlich zwei verschiedene Zahlen, wenn jede von ihnen gleich der Teilersumme der andern ist. Solche zwei Zahlen sind z. B. 220 und 284, denn $220 = 2^2 . 5 . 11$, $284 = 2^2 . 71$, woraus folgt, dass die Teilersumme von 220 gleich

$$(1 + 2 + 2^2)(1 + 5)(1 + 11) - 220$$
$$= 7 . 6 . 12 - 220 = 504 - 220 = 284$$

ist, und dass die Teilersumme von 284 gleich

$$(1 + 2 + 2^2)(1 + 71) = 7 . 72 - 284$$
$$= 504 - 284 = 220$$

ist. Nach Jamblichos sollen schon die Pythagoräer den Begriff der befreundeten Zahlen aufgestellt haben. Mit der Aufstellung eines allgemeinen Gesetzes zur Auffindung von Paaren befreundeter Zahlen beschäftigten sich Cartesius und dann Euler. Der Leser kann sich durch Anwendung der oben erörterten Methode zur Auffindung der Teilersumme einer Zahl leicht überzeugen, dass ausser 220 und 284 die folgenden Zahlenpaare befreundet sind:

18416 und 17296;
10744 und 10856;
63020 und 76084;
9437056 und 9363584.

§ 15.

Pythagoräische und Heronische Zahlen.

Die Umkehrung des Pythagoräischen Lehrsatzes sagt aus, dass ein Dreieck rechtwinklig ist, wenn das Quadrat über einer Seite ebensowiel Inhalt hat, wie die Summe der Quadrate über den beiden anderen Seiten. Man kann daher einen rechten Winkel dadurch konstruieren, dass man drei Zahlen x, y, z sucht, die der Bedingung

$$x^2 = y^2 + z^2$$

genügen, und dass man dann ein Dreieck herstellt, dessen Seiten x, y und z mal so gross sind, als irgend eine als Maaseinheit dienende Strecke. Die kleinsten Zahlen, die der Bedingungsgleichung $x^2 = y^2 + z^2$ gehorchen, sind 5, 4, 3, indem $5^2 = 25 = 4^2 + 3^2 = 16 + 9$ ist. Die Erkenntnis, dass die Zahlen 5, 4, 3 auf ein rechtwinkliges Dreieck führen, ist, nach dem Berichte der Griechen, uralten ägyptischen Ursprungs. Hiernach sollen in ältester Zeit bei der Fundamentierung eines ägyptischen Baues die Harpedonapten, d. h. Seilspanner, deshalb eine Rolle gespielt haben, weil sie in der Kunst geübt waren, drei

Pflöcke so in die Erde zu stecken, dass sie einen genauen rechten Winkel ergaben. Nachdem nämlich durch die von der Sonne entworfene kürzeste Schattenlänge die genaue Richtung von Norden nach Süden als die eine Hauptrichtung des zu errichtenden Bauwerks festgestellt war, mussten die Seilspanner kommen, um die Richtung von Osten nach Westen als die zweite Hauptrichtung durch Pflöcke zu bezeichnen. Sie bedienten sich dazu eines in sich selbst zurücklaufenden Seiles, das durch Knoten in zwölf gleiche Teile geteilt war, und sorgten nun dafür, dass die beiden Pflöcke, die die Richtung von Norden nach Süden angaben, um vier solcher Teile entfernt waren. Wenn sie dann mit einem dritten Pflock das in sich selbst zurücklaufende Seil so spannten, dass sich an den einen Pflock fünf Teile, an den andern Pflock drei Teile anschlossen, so bildeten die beiden Seilrichtungen, die drei und vier Teilen entsprachen, einen genauen rechten Winkel. Hiernach muss also dem Erfinder des ägyptischen Seilspannens bekannt gewesen sein, dass, wenn die Seiten eines Dreiecks sich wie 3 zu 4 zu 5 verhalten, dasselbe rechtwinklig sein muss. Ausser dem Zahlentripel 3, 4, 5 ist namentlich noch 5, 12, 13 als ein solches bekannt, das zu einem rechtwinkligen Dreieck führt. Dieses Zahlentrippel kommt in einer Aufgabe vor, die in der chinesischen Arithmetik „Kiu tschang“ steht. Nach chinesischer Angabe soll der Kiu tschang etwa 2600 vor Christi Geburt von Tsin Kiu Tschaou verfasst sein. Die Aufgabe lautet: „Im Mittelpunkte eines quadratischen Teichs von zehn Fuss Seitenlänge wächst ein Schilf, das sich einen Fuss hoch über das Wasser erhebt. Als man dasselbe ans Ufer nach der Mitte einer Seite zog, reichte es gerade bis an den Rand des Teiches. Wie tief war der Teich?" Die Antwort ist 12 Fuss, indem die Mitte des Teiches, wo der Schilf sich über das Wasser erhebt, die Wurzel des Schilfs und die Mitte der einen Seite des von dem Teiche gebildeten Quadrats die Eckpunkte eines rechtwinkligen Dreiecks sein müssen, dessen Seiten 12 + 1 Fuss, 12 Fuss und die Hälfte von 10 Fuss sind.

Jedes Tripel von positiven ganzen Zahlen, das die Gleichung $x^2 = y^2 + z^2$ erfüllt, nennt man ein pythagoreisches Tripel, wegen des Zusammenhangs dieser Gleichung mit dem von Pythagoras entdeckten Lehrsatze. Mit der Aufsuchung solcher pythagoreischen Tripel haben sich schon die griechischen Mathematiker beschäftigt. Es ist sehr leicht, ein Bildungsgesetz zu finden, das mit Sicherheit zu allen denkbaren Tripeln führt. Zunächst ist klar, dass jedes richtige Tripel dadurch unzählig viele neue Tripel hervorruft, dass man jede der drei Zahlen x, y, z des Tripels mit einer und derselben Zahl multipliziert. So ist 6, 8, 10 oder 9, 12, 15 ein pythagoreisches Tripel, weil 3, 4, 5 eins ist. Deswegen brauchen wir uns nur mit der Aufsuchung solcher Tripel zu beschäftigen, die keinen gemeinsamen Teiler haben. Demgemäss können wir auch voraussetzen, dass die beiden Kathetenzahlen y und z keinen gemeinsamen Teiler haben. Denn, wenn sie einen solchen hätten, müsste ihn auch x haben, und das wollten wir ausschliessen. Pythagoreische Zahlentripel, die keinen gemeinsamen Teiler haben, sollen „ursprüngliche" heissen, und solche, die einen gemeinsamen Teiler haben, wollen wir „abgeleitete" nennen. Um alle ursprünglichen Tripel zu finden, beachte man zuerst, dass das Quadrat jeder geraden Zahl, durch 4 dividiert, den Rest null lässt, dass aber das Quadrat jeder ungeraden Zahl, durch 4 dividiert, den Rest 1 lässt. Denn:

$$(2n)^2 = 4 \cdot n^2$$

und $(2n + 1)^2 = 4n^2 + 4n + 1 = 4(n^2 + n) + 1$.

Hiernach können die beiden Kathetenzahlen y und z nicht beide ungerade sein. Denn dann müsste $y^2 + z^2$ bei der Division durch 4 den Rest $1 + 1 = 2$ lassen. Also müsste auch x^2 den Rest 2 lassen. Dies ist aber nicht möglich, weil nach dem Obigen eine Quadratzahl bei der Division durch 4 keinen andern Rest lassen kann, als 0 oder 1. Da die beiden Kathetenzahlen auch nicht beide gerade sein können, weil sie sonst einen gemeinsamen Teiler, nämlich 2, hätten, so bleibt nur übrig, dass die eine gerade, die andere ungerade ist. Es sei y die ungerade, z die gerade Kathetenzahl. Wenn wir dann y^2 transponieren, also die vorliegende Gleichung in der Form:

$$x^2 - y^2 = z^2$$

schreiben, so erhalten wir rechts und links Zahlen, die durch 4 teilbar sind. Wir dividieren deshalb durch 4 und erhalten, da $x^2 - y^2 = (x + y)(x - y)$ ist:

$$\frac{x + y}{2} \cdot \frac{x - y}{2} = \left(\frac{z}{2}\right)^2.$$

Nun haben $\frac{x+y}{2}$ und $\frac{x-y}{2}$ keinen gemeinsamen Teiler. Wenn sie nämlich einen solchen hätten, so müsste ihn auch ihre Summe haben, und das ist x, es müsste ihn auch ihre Differenz haben, und das ist y. Also hätten x und y denselben gemeinsamen Teiler. Das ist aber unmöglich, da x, y, z als ein Zahlentripel ohne gemeinsamen Teiler vorausgesetzt ist. Hiermit ist bewiesen, dass $\frac{x+y}{2}$ und $\frac{x-y}{2}$ sich nicht beide durch eine und dieselbe Zahl dividieren lassen. Trotzdem soll aber ihr Produkt eine Quadratzahl sein, nämlich das Quadrat von $\frac{z}{2}$. Deshalb muss jeder der beiden Faktoren $\frac{x+y}{2}$ und $\frac{x-y}{2}$ selbst eine Quadratzahl sein. Die Zahl, deren Quadrat gleich $\frac{x+y}{2}$ ist, heisse v; die Zahl, deren Quadrat gleich $\frac{x-y}{2}$ ist, heisse w. Wir haben also:

$$\frac{x+y}{2} = v^2 \text{ und } \frac{x-y}{2} = w^2.$$

Durch Addition und Subtraktion dieser Gleichungen erhält man:

$$x = v^2 + w^2 \text{ und } y = v^2 - w^2.$$

Und da $z^2 = x^2 - y^2 = (v^2 + w^2)^2 - (v^2 - w^2)^2 = 2v^2 . 2w^2$ ist, so folgt drittens, dass $z = 2v . w$ ist. Wenn wir in den drei Gleichungen, die x, y, z durch v und w ausdrücken, für v und w irgend welche ganzen Zahlen einsetzen, so erhalten wir für x, y, z stets ganze Zahlen, die der pythagoräischen Gleichung

$$x^2 = y^2 + z^2$$

Genüge leisten. Damit dieselben auch positiv und ohne gemeinsamen Teiler werden, müssen wir v und w so wählen, dass dreierlei Bedingungen erfüllt werden: erstens $v > w$, zweitens v und w ohne gemeinsamen Teiler, drittens v und w nicht beide ungerade. Aus jedem Zahlen-Paar v und w, das diese Bedingungen erfüllt, ergeben sich durch die drei Gleichungen:

$$\left\{\begin{array}{l} x = v^2 + w^2 \\ y = v^2 - w^2 \\ z = 2 . v . w \end{array}\right\}$$

drei Zahlen x, y, z, die ein ursprüngliches pythagoräisches Zahlentripel bilden. Zugleich haben wir erkannt, dass kein solches Tripel existieren kann, das nicht auf diese Weise entstände. Wenn wir also

$\left\{\begin{array}{l} v = 2 \\ w = 1 \end{array}\right\}$, $\left\{\begin{array}{l} v = 3 \\ w = 2 \end{array}\right\}$, $\left\{\begin{array}{l} v = 4 \\ w = 1 \end{array}\right\}$, $\left\{\begin{array}{l} v = 4 \\ w = 3 \end{array}\right\}$, $\left\{\begin{array}{l} v = 5 \\ w = 2 \end{array}\right\}$, $\left\{\begin{array}{l} v = 5 \\ w = 4 \end{array}\right\}$, $\left\{\begin{array}{l} v = 6 \\ w = 1 \end{array}\right\}$, $\left\{\begin{array}{l} v = 6 \\ w = 5 \end{array}\right\}$ u. s. w. der Reihe nach

setzen, so erhalten wir ohne Ausnahme alle denkbaren ursprünglichen pythagoräischen Tripel bis zu beliebig grossen Zahlen. So sind in der folgenden Tabelle alle Tripel berechnet, in denen keine der drei Zahlen mehr Ziffern als zwei hat:

v =	2	3	4	4	5	5	6	6	7	7	7	8	8	8	9	9
w =	1	2	1	3	2	4	1	5	2	4	6	1	3	5	2	4
x =	5	13	17	25	29	41	37	61	53	65	85	65	73	89	85	97
y =	3	5	15	7	21	9	35	11	45	33	13	63	55	39	77	65
z =	4	12	8	24	20	40	12	60	28	56	84	16	48	80	36	72

Da von den Zahlen v und w immer die eine gerade, die andere ungerade sein muss, damit ein ursprüngliches Tripel entsteht, so muss die gerade Kathetenzahl, die ja gleich 2 . v . w ist, immer durch vier teilbar sein. Ferner muss die Hypotenusenzahl, da sie sich aus $v^2 + w^2$ ergiebt, durch vier geteilt, den Rest 1 lassen, woraus noch hervorgeht, dass, wenn sie selbst keine Primzahl ist, sie das Produkt von Primzahlen sein muss, die die Eigenschaft haben, durch 4 geteilt, den Rest 1 zu lassen. Dass immer $x + z$ und $x - z$ eine Quadratzahl sein muss, ergiebt sich ebenfalls aus den drei oben abgeleiteten Quellformeln.

Aus den in der obigen Tabelle zusammengestellten ursprünglichen Tripeln ergeben sich nun alle abgeleiteten, wenn man die drei Zahlen jedes Tripels mit jeder denkbaren Zahl multipliziert. Ferner erhält man alle rationalen Zahlen, die, als Maasszahlen der Seiten eines Dreiecks aufgefasst, zu rechtwinkligen Dreiecken führen, wenn man die drei Zahlen jedes Tripels mit jeder denkbaren, rationalen Zahl multipliziert. So folgt z. B. aus dem ursprünglichen Tripel 17, 15, 8 durch Multiplikation mit $\frac{5}{4}$ das rationale Tripel:

$$21\tfrac{1}{4},\ 18\tfrac{3}{4},\ 10.$$

Die pythagoräischen Zahlen-Tripel sind ganzzahlige Lösungen der Gleichung

$$x^2 = y^2 + z^2.$$

Es liegt daher der Gedanke nahe, auch ganzzahlige Lösungen der Gleichung

$$x^3 = y^3 + z^3$$

oder überhaupt der Gleichung

$$x^n = y^n + z^n$$

zu finden, wo n eine beliebige positive ganze Zahl ist. Doch scheint es unmöglich zu sein, diese Gleichung für $n > 2$ zu lösen. Dass sie für $n = 3$ und $n = 4$ unlösbar ist, bewies schon Fermat, dann für $n = 5$ Legendre (1823). Kummer (1849) stellte Bedingungen auf, die n erfüllen müsste, damit $x^n + y^n = z^n$ in ganzen Zahlen lösbar sein könnte, und fügte hinzu, dass unter hundert keine Zahl existiert, die alle diese Bedingungen erfüllte. So ist also bewiesen, dass n mindestens dreiziffrig sein müsste, damit die Gleichung

$$x^n = y^n + z^n$$

in ganzen Zahlen lösbar sein könnte. Für ein ganz allgemeines n ist aber die Unlösbarkeit dieser Gleichung bis jetzt noch nicht bewiesen.

Mit den pythagoräischen Zahlen-Tripeln, die zu rechtwinkligen Dreiecken führen, stehen die heronischen Zahlen-Tripel in engem Zusammenhang. Dieselben haben ihren Namen von Hero von Alexandrien, der um 150 vor Christi Geburt lebte, und den man mit Recht den

Vater der Feldmesser genannt hat. Diesem Hero ist die wichtige Regel zu verdanken, durch welche man aus den Längen der drei Seiten eines Dreiecks zu dessen Inhalt gelangen kann. Nach dieser Regel hat man den halben Umfang des Dreiecks, der s heissen möge, um jede der drei Seiten a, b, c zu vermindern, die erhaltenen drei Differenzen mit einander und mit s zu multiplizieren, und aus dem erhaltenen Produkte von vier Faktoren die Quadratwurzel auszuziehen. Das dadurch erhaltene Resultat ergiebt den Inhalt. Wenn also z. B. die Seiten des Dreiecks 5, 6 und 7 Zentimeter lang sind, so ist s 9 Zentimeter lang, $s - a = 4$, $s - b = 3$ und $s - c = 2$. Folglich ist aus $9 . 4 . 3 . 2$ die Quadratwurzel auszuziehen. Dadurch erhält man $6\sqrt{6}$, was auf drei Dezimalstellen berechnet, 14,697 ergiebt. Also ist 14,697 Quadratzentimer der Inhalt des Dreiecks, dessen Seiten 5, 6 und 7 Zentimeter lang sind. In diesem Beispiel war die Quadratwurzel irrational und konnte daher nur näherungsweise durch eine rationale Zahl dargestellt werden. Hero von Alexandrien aber gab ein Beispiel von drei ganzen Zahlen, bei dem die Quadratwurzel aufgeht, nämlich $a = 13$, $b = 14$, $c = 15$. Dies führt auf Quadratwurzel aus $(21 . 8 . 7 . 6)$ oder auf 84. Ein Dreieck also, dessen Seitenlängen durch die ganzen Zahlen 13, 14, 15 darstellbar sind, hat einen Inhalt, der durch die ganze Zahl 84 dargestellt wird. Es liegt daher nahe, eine Methode zu ersinnen, durch welche man zu allen möglichen Tripeln von ganzen Zahlen von solcher Beschaffenheit geführt wird, dass drei solche Zahlen, als Maasszahlen für die Seiten eines Dreiecks aufgefasst, zu einem Inhalt dieses

Dreiecks führen, der auch durch eine ganze Zahl dargestellt wird. Hero zu Ehren, wollen wir solche Tripel von ganzen Zahlen heronische Tripel nennen. Um alle denkbaren heronischen Tripel zu finden, nehmen wir zunächst an, dass ein Dreieck drei rationale Seiten a, b, c und einen Inhalt habe, der, bei Zugrundelegung einer beliebigen Maasseinheit, durch rationale Zahlen ausdrückbar sei. Dann müssen auch alle Höhen h durch rationale Zahlen darstellbar sein, weil jede Höhe gleich dem Quotienten des doppelten Inhalts und einer Seite ist. Ausserdem müssen auch alle Projektionen rational sein, weil sich dieselben nach dem verallgemeinerten pythagoräischen Lehrsatze rational durch die Seiten ausdrücken lassen; z. B. ist die Projektion der Seite b auf die Seite a gleich

$$\frac{b^2 + a^2 - c^2}{2 \, . \, a}.$$

Hieraus folgt aber, dass jedes Dreieck, dessen Seiten und dessen Inhalt durch rationale Zahlen ausdrückbar sind, durch jede Höhe in zwei rechtwinklige Dreiecke zerlegt wird, deren Seiten auch durch rationale Zahlen darzustellen sind. Folglich muss man zu jedem möglichen Dreieck mit rationalen Seiten und rationalem Inhalt, dadurch gelangen, dass man auf alle mögliche Weise zwei rechtwinklige Dreiecke zusammensetzt, deren Seiten rational sind. Aus jedem durch die Seiten eines solchen Dreiecks gelieferten Tripel erhält man dann durch geeignete Multiplikation ein heronisches Tripel. Auf diese Weise kann man also aus je zwei pythagoräischen Tripeln auf mehrfache Weise zu einem heronischen Tripel gelangen. So entsteht das obenerwähnte Beispiel des Hero von Alexandrien

13, 14, 15

dadurch, dass man die beiden pythagoräischen Tripel 13, 12, 5 und 5, 4, 3 zusammensetzt. Man denke sich 13 als Seite, 12 als Höhe, 5 als Projektion. Da beide rechtwinklige Dreiecke die eine Kathête, die Höhe werden soll, gemeinsam haben müssen, so hat man 4, 5, 3 mit 3 zu erweitern, was auf 15, 12, 9 führt. Setzt man nun zusammen, so erhält man zwei Seiten des gesuchten Dreiecks aus den Hypotenusen 13 und 15, die dritte Seite als Summe von 5 und 9, wie folgende Figur zeigt:

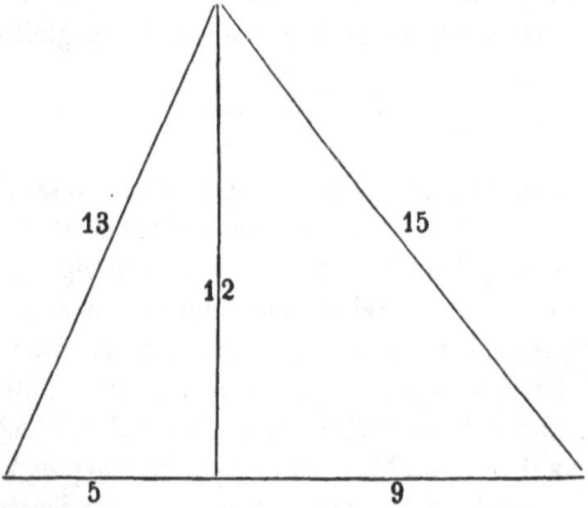

Hier erscheint das entstandene Dreieck als Summe der beiden rechtwinkligen Dreiecke, die es erzeugen. Es kann jedoch auch immer als Differenz erscheinen. Dann sind 13, 15 und 9 — 5 = 4 die Zahlen des entstandenen heronischen Tripels. In der That geht auch hier die Quadratwurzel auf. Denn sie wäre zu ziehen aus dem Produkte $s(s-a)(s-b)(s-c) = 16.3.1.12 = 4^2.6^2$. Der Inhalt würde also 24, was auch aus $J = \frac{4.12}{2}$ hervorgeht.

Um zu zeigen, wie aus denselben beiden pythagoräischen Tripeln mehrere heronische Tripel entstehen können, betrachten wir 5, 3, 4 und 17, 15, 8. Aus 5, 3, 4 folgt 25, 15, 20. Daher erhalten wir das Tripel 17, 25, 28. Wenn wir aber mit 2 statt 5 erweitern, also 10, 6, 8 erhalten und mit 17, 15, 8 zusammensetzen, erhalten wir 10, 17, 21. Die beiden pythagoräischen Tripel 5, 3, 4 und 17, 15, 8 führen ferner durch Vermittelung von 40, 24, 32 und 51, 45, 24 zu dem heronischen Tripel 40, 51, 77. Endlich gelangt man noch durch Vermittelung von 75, 45, 60 und 68, 60, 32 zu 75, 68, 77. Man erkennt leicht, dass man von je zwei pythagoräischen Tripeln in dieser Weise immer zu vier heronischen Tripeln gelangt. Nimmt man z. B. 29, 21, 20 und 41, 9, 40 als Ausgangspunkt, so sind die daraus entstehenden heronischen Tripel die folgenden:

1) 58, 41, 51; 2) 87, 287, 340; 3) 1160, 861, 989;
4) 261, 820, 989.

Dazu gesellen sich noch die vier Tripel, bei denen die beiden nicht gleichgemachten Kathetenzahlen subtrahiert statt addiert werden.

Eine besondere Art von heronischen Tripeln sind

diejenigen, bei denen zwei Zahlen gleich sind. Dieselben entstehen durch Zusammensetzung eines pythagoräischen Tripels mit sich selbst, und zwar erzeugt jedes pythagoräische Tripel zwei von solchen speziellen heronischen. Z. B.:

5, 3, 4 führt zu 5, 5, 6 und 5, 5, 8;
13, 5, 12 führt zu 13, 13, 10 und 13, 13, 24;
17, 15, 8 führt zu 17, 17, 30 und 17, 17, 16;
u. s. w. u. s. w.

§ 16.

Erschwerte Teilung.

Vielfach begegnet man in den Unterhaltungs-Zeitschriften Aufgaben, welche verlangen, eine Teilung unter besonderen erschwerenden Bedingungen vorzunehmen. Diese Aufgaben sind grösstenteils Varianten von Aufgaben, welche schon von Bachet in seinen „Problèmes plaisans et délectables“ aufgestellt und gelöst sind. Eine derselben lautet z. B.: „Drei Personen haben sich 21 gleich grosse Fässer zu teilen, von denen 7 voll Wein, 7 halbvoll und 7 leer sind. Die Teilung ist so zu bewerkstelligen, dass jede Person sowohl gleichviel Fässer als auch gleichviel Wein erhält. Man findet leicht zwei Lösungen des Problems. Bezeichnet man die drei Personen mit A, B, C, ein volles Fass mit (1), ein halbvolles mit $(\frac{1}{2})$ und ein leeres mit (0), so lässt sich die erste Lösung kurz so angeben:

$$A: 1 . (1) + 5 . (\tfrac{1}{2}) + 1 . (0);$$
$$B: 3 . (1) + 1 . (\tfrac{1}{2}) + 3 . (0);$$
$$C: 3 . (1) + 1 . (\tfrac{1}{2}) + 3 . (0).$$

Die zweite Lösung lässt sich so schreiben:

$$A: 2.(1) + 3.(\tfrac{1}{2}) + 2.(0);$$
$$B: 2.(1) + 3.(\tfrac{1}{2}) + 2.(0);$$
$$C: 3.(1) + 1.(\tfrac{1}{2}) + 3.(0).$$

Wenn man bei der obigen Aufgabe 9 statt 7 setzt und die sonstigen Bedingungen beibehält, also verlangt, dass jede von drei Personen gleichviel Fässer und gleichviel Wein erhält, so ergeben sich drei Lösungen, die der Leser leicht finden wird.

Schwieriger werden solche Verteilungsaufgaben, wenn die Zahlen für die leeren, halbvollen und vollen Fässer nicht gleich sind. Beispielsweise nimmt Herr Labosne, der Herausgeber der vierten Auflage von Bachets „Problèmes", 24 Fässer an, von denen 5 voll, 8 leer und 11 halbvoll sind. In diesem Falle ergeben sich drei Lösungen, nämlich:

$$\text{I)}\quad A: 0.(1) + 7.(\tfrac{1}{2}) + 1.(0);$$
$$B: 2.(1) + 3.(\tfrac{1}{2}) + 3.(0);$$
$$C: 3.(1) + 1.(\tfrac{1}{2}) + 4.(0).$$

$$\text{II)}\quad A: 1.(1) + 5.(\tfrac{1}{2}) + 2.(0);$$
$$B: 2.(1) + 3.(\tfrac{1}{2}) + 3.(0);$$
$$C: 2.(1) + 3.(\tfrac{1}{2}) + 3.(0).$$

$$\text{III)}\quad A: 1.(1) + 5.(\tfrac{1}{2}) + 2.(0);$$
$$B: 1.(1) + 5.(\tfrac{1}{2}) + 2.(0);$$
$$C: 3.(1) + 1.(\tfrac{1}{2}) + 4.(0).$$

Eine zweite Art von Verteilungs-Aufgaben rührt auch von Bachet her und hat seitdem nicht aufgehört, in Unterhaltungszeitschriften, Jugendalbums, Weihnachtsbüchern etc. mit geringfügigen Varianten wiedergegeben zu werden. Diese Aufgaben behandeln eine eigentümliche Form der Erbteilung unter Geschwistern, die aber schliesslich doch darauf hinausläuft, dass alle Geschwister gleichviel erhalten. Bei Bachet heisst die Aufgabe folgendermassen:

Ein Vater hinterlässt seinen Kindern sein kleines Vermögen mit der Bestimmung, dass nach seinem Tode sich das älteste Kind 1 Thaler nehmen sollte und dazu den siebenten Teil des dann noch bleibenden Restes, dass das zweite Kind sich dann 2 Thaler nehmen sollte und den siebenten Teil des nunmehr gebliebenen Restes, dass das dritte Kind sich dann 3 Thaler nehmen sollte nebst dem siebenten Teil des dann noch übrig gebliebenen Restes, und dass das so fortgesetzt werden sollte, bis zum jüngsten Kinde. Nach der so geschehenen Teilung stellt sich heraus, dass alle Kinder gleichviel erhalten haben. Gefragt wird, wieviel Kinder vorhanden waren, und wieviel Thaler das hinterlassene Vermögen betrug. Dass es 6 Kinder waren, die sich 36 Thaler zu teilen hatten, ergiebt sich aus der folgenden Übersicht:

1) $1 + \frac{35}{7} = 1 + 5 = 6,$

2) $2 + \frac{28}{7} = 2 + 4 = 6,$

3) $3 + \frac{21}{7} = 3 + 3 = 6,$

4) $4 + \frac{14}{7} = 4 + 2 = 6.$

5) $5 + \frac{7}{7} = 5 + 1 = 6,$

6) $6 + \frac{0}{7} = 6 + 0 = 6.$

Die sehr leichte allgemeine mathematische Behandlung, bei welcher man n statt 7 sich denkt, ergiebt, dass n — 1 Kinder sich (n — 1) mal (n — 1) Thaler zu teilen haben. Wenn also in dem obigen Texte der Verteilungsaufgabe immer der achte Teil statt des siebenten Teils genommen wird, so müssen 7 Kinder da sein und 49 Thaler, damit die eigenartige Verteilungs-Bestimmung doch zu dem Ziele führt, dass alle Kinder gleichviel Geld bekommen.

Von den zahlreichen Einkleidungen, die dem Grundgedanken dieser Art von Verteilungsaufgaben gegeben werden können, sei hier nur noch eine erwähnt, die ich dem fünften Bande des „Deutschen Mädchenbuchs“ entnehme:

„Bei einem Sommer-Ausflug kauft die Lehrerin Kirschen für sämtliche Schülerinnen. Hinsichtlich der Verteilung bestimmt sie, dass die nach der Rangordnung erste Schülerin eine Kirsche und den zwanzigsten Teil des Restes die zweite dann zwei Kirschen und den zwanzigsten Teil des nunmehr bleibenden Restes, die dritte drei Kirschen und den zwanzigsten Teil des dann gebliebenen Restes erhalten soll, und dass dieses Verfahren fortzusetzen ist, bis alle Kirschen verteilt sind. Schliesslich stellt sich heraus, dass diese sonderbare Verteilungsart doch insofern eine gerechte war, als alle Schülerinnen gleichviel Kirschen erhalten hatten. Wieviel Kirschen und wieviel Schülerinnen waren es?“

Da hier $n = 20$, also $n - 1 = 19$ ist, so erhalten wir als Lösung, dass es 19 Schülerinnen und 361 Kirschen waren. — Eine dritte Art von Verteilungsaufgaben hat auch ihren Ursprung in Bachets klassischem Buche, und handelt von drei oder mehr Personen, welche sich in vorgeschriebener Weise gegenseitig Geld geben, bis sich herausstellt, dass sie schliesslich alle gleichviel Geld haben. Gefragt wird dann nach der Geldsumme, die Jeder anfänglich gehabt hat. Das Original dieser Aufgaben-Art lautet bei Bachet: „Drei Männer A, B, C haben jeder eine gewisse Anzahl von Thalern bei sich. Zunächst giebt A an B soviel Thaler, wie B schon besitzt, und auch an C soviel Thaler, wie C schon besitzt. Dann giebt B soviel Thaler an A, wie jetzt A besitzt, und auch an C soviel wie C besitzt. Endlich giebt C soviel an A, wie A jetzt besitzt und soviel an B, wie B nunmehr besitzt. Schliesslich hat jeder 8 Thaler. Wieviel hatten A, B, C anfänglich?“ Die Lösung lautet, dass A anfänglich 13 Thaler, B 7 Thaler, C 4 Thaler besass. Denn nach den drei Verteilungen haben A, B, C soviel Thaler, wie die folgende Übersicht zeigt:

13	7	4
2	14	8
4	4	16
8	8	8

Die mathematische Behandlung führt dazu, dass, wenn schliesslich jeder der drei Männer a Thaler hat, sie vorher beziehungsweise $\frac{a}{2}$, $\frac{a}{2}$, 2 a Thaler gehabt haben müssen, also noch vorher, ehe B an A und an C giebt:

$$\frac{a}{4}, \quad \frac{7}{4}a, \quad a,$$

und anfänglich, ehe A an B und an C giebt:

$$\frac{13}{8}a, \quad \frac{7}{8}a, \quad \frac{a}{2}.$$

Also müssen sich die vier Zahlen, die angeben, wieviel Thaler A, B, C anfänglich haben, und wieviel sie alle drei schliesslich haben, sich verhalten wie 13 : 7 : 4 : 8. Eine beliebte andere Einkleidung des Problems ist folgende: „Drei Spieler kommen darin überein, dass jedesmal der Verlierende das Geld jedes der beiden andern zu verdoppeln hat. Nachdem drei Spiele erledigt sind, in denen nach einander jeder der drei Spieler verloren hat, sehen sie sich jeder im Besitz von 24 Mark. Wieviel hatte Jeder vor der Spiel-Serie?“ Wir erhalten aus dem oben abgeleiteten Verhältnis 13 : 7 : 4 : 8 = 39 : 21 : 12 : 24 sofort, dass der Spieler, der zuerst verlor, 39 Mark besass, der Spieler, der zu zweit verlor, 21 Mark und der dritte nur 12 Mark anfänglich im Besitz hatte.

Herr Lucas hat dieses Bachetsche Verteilungs-Problem auf den Fall ausgedehnt, dass n statt 3 Spieler vorhanden sind, die dieselbe Gewinn-Regel verabredet haben. Dabei ergiebt sich, dass der p-te Spieler anfänglich soviel Mark gehabt haben muss, wie der Ausdruck:

$$a\,(1 + 2^{n-p}\,.\,n) : 2^n$$

angiebt, wo a die Zahl der Mark bedeutet, die schliesslich jeder der n Spieler hat. Insbesondere ergiebt sich:

für n = 4: $\frac{33}{16}a, \frac{17}{16}a, \frac{9}{16}a, \frac{5}{16}a;$

für n = 5: $\frac{81}{32}a, \frac{41}{32}a, \frac{21}{32}a, \frac{11}{32}a, \frac{6}{32}a;$

für n = 6: $\frac{193}{64}a, \frac{97}{64}a, \frac{49}{64}a, \frac{25}{64}a, \frac{13}{64}a, \frac{7}{64}a.$

Eine zweite Verallgemeinerung des Problems hat Herr Labosne gegeben. Dieselbe nimmt an, dass jede der drei Personen nicht ebensoviel an jede andere giebt, wie diese besitzt, sondern n-mal so viel, wie die empfangende Person besitzt. Eine mathematische Behandlung dieses allgemeineren Falls ergiebt dann, dass die vier Zahlen, welche angeben, wieviel Mark die drei Personen anfänglich und wieviel sie schliesslich jede besitzen, sich verhalten wie:

$$3n^3 + 6n^2 + 3n + 1$$
$$\text{zu } 3n^2 + 3n + 1$$
$$\text{zu } 3n + 1 \text{ zu } (n+1)^3.$$

Dies ergiebt z. B. für n = 2 das Verhältnis:

$$55 : 19 : 7 : 27.$$

Bei einer vierten Art von Verteilungsaufgaben liegt das Absonderliche der Verteilung mehr im Wortlaut der Verteilungs-Vorschrift, als in der Verteilung selbst. Als Beispiel hierfür diene folgende, dem wesentlichen Inhalt nach, oft vorkommende Aufgabe: „Eine Bauerfrau bringt Eier auf den Markt. Sie verkauft an den ersten Käufer die Hälfte ihres Vorrats und noch ein halbes Ei dazu, dann an den zweiten Käufer wieder die Hälfte des noch übrig gebliebenen Vorrats und wiederum ein halbes Ei mehr. Sie setzt dieses Verfahren genau so fort, bis sie nach 5 Verkäufen alle Eier verkauft hat. Wieviel Eier hatte sie auf den Markt gebracht? Die Antwort ist 31. Man findet leicht, dass, wenn n Verkäufe nötig sind, um in der angegebenen sonderbaren Weise die Eier sämtlich zu verkaufen, die Anzahl der Eier um 1 kleiner sein muss, als die n-te Potenz der Zahl zwei.

Es liegt nahe, das Problem dahin zu verallgemeinern, dass $\frac{1}{m}$ des Vorrats statt Hälfte desselben und statt der Hälfte eines Eies $\frac{1}{m}$ eines Eies gesagt wird. Wenn dann a die Anzahl der auf den Markt gebrachten Eier ist, so ist die Anzahl der zuerst verkauften Eier:

$$\frac{a}{m} + \frac{1}{m} \text{ oder } \frac{a+1}{m},$$

also der erste Rest:

$$a - \frac{a+1}{m}.$$

Daher werden beim zweiten Verkauf:

$$\frac{a}{m} - \frac{a+1}{m^2} + \frac{1}{m} \text{ oder } \frac{a+1}{m} - \frac{a+1}{m^2}$$

Eier fortgegeben. Der Rest beträgt also:

$$a - \frac{a+1}{m} - \frac{a+1}{m} + \frac{a+1}{m^2}$$

oder:

$$a - 2 \cdot \frac{a+1}{m} + \frac{a+1}{m^2}.$$

So fortfahrend, gelangt man dazu, zu erkennen, dass nach dem dritten Verkauf:

$$a - 3 \cdot \frac{a+1}{m} + 3 \cdot \frac{a+1}{m^2} - \frac{a+1}{m^3}$$

Eier übrig bleiben. Nach dem vierten Verkauf sind es:

$$a - 4 \cdot \frac{a+1}{m} + 6 \cdot \frac{a+1}{m^2} - 4 \cdot \frac{a+1}{m^3} + \frac{a+1}{m^4}.$$

Man erkennt nun, dass die auftretenden Koeffizienten dieselben sind, die auch bei der Entwickelung von $(1 - x)^3$, $(1 - x)^4$ oder überhaupt von $(1 - x)^n$ auftreten. Um daher eine allgemeine Formel zu gewinnen, schreiben wir für den Ausdruck, der die Anzahl nach dem vierten Verkauf angiebt, zunächst:

$$-1 + (a+1) - 4 \cdot \frac{a+1}{m} + 6 \cdot \frac{a+1}{m^2} - 4 \cdot \frac{a+1}{m^3} + \frac{a+1}{m^4},$$

wofür wir setzen können:

$$-1 + (a+1)\left[1 - 4 \cdot \frac{1}{m} + 6 \cdot \frac{1}{m^2} - 4 \cdot \frac{1}{m^3} + \frac{1}{m^4}\right]$$

oder:

$$-1 + (a+1)\left(1 - \frac{1}{m}\right)^4.$$

Daher erkennen wir jetzt, dass die Anzahl der nach dem n-ten Verkauf übrig gebliebenen Eier:

$$-1+(a+1)\left(1-\frac{1}{m}\right)^n$$

beträgt. In dem oben besprochenen Beispiel sollte diese Zahl null sein, weil alle Eier verkauft sein sollten. Nennen wir allgemeiner b die Zahl der Eier, die nach dem n-ten Verkauf übrig bleiben, so erhalten wir die Gleichung:

$$-1+(a+1)\left(1-\frac{1}{m}\right)^n=b$$

oder:

$$\left(1-\frac{1}{m}\right)^n=\frac{b+1}{a+1}$$

oder:

$$1-\frac{1}{m}=\sqrt[n]{\frac{b+1}{a+1}}$$

oder:

$$\frac{1}{m}=1-\sqrt[n]{\frac{b+1}{a+1}}=\frac{\sqrt[n]{a+1}-\sqrt[n]{b+1}}{\sqrt[n]{a+1}}.$$

Damit $\frac{1}{m}$ eine rationale Zahl sei, müssen a und b beide die Eigenschaft haben, um 1 kleiner zu sein, als die n-te Potenz einer rationalen Zahl. Daher setzen wir:

$$a=\alpha^n-1;\quad b=\beta^n-1.$$

Dann kommt:

$$\frac{1}{m}=\frac{\alpha-\beta}{\alpha}.$$

Damit a und b ganzzahlig werden, müssen die rationalen Zahlen α und β ganze Zahlen sein.

Aus dieser allgemeinen Formel ergiebt sich das Eier-Verkaufs-Problem in seiner ursprünglichen Fassung, wenn man $\alpha = 2\, \beta = 1$ setzt. Wünscht man, dass alle Eier verkauft sind, also $b = 0$ ist, so ist $\beta = 1$. Dann wird m nur dann ganzzahlig, wenn $\alpha = 2$ ist, wenn also immer die Hälfte des Vorrats und dazu ein halbes Ei verkauft wird. Wenn aber m nicht ganzzahlig, sondern nur rational zu sein braucht, jedoch b gleich null sein soll, so ergeben sich unzählig viele Lösungen des Eier-Verkaufs-Problems, nämlich eine für jede ganze Zahl über eins, die man für α einsetzt. Ist z. B. $\alpha = 3$, so ist, da für $b = 0$ die Zahl $\beta = 1$ sein muss,

$$\frac{1}{m} = \frac{2}{3}.$$

Wenn also immer $\frac{2}{3}$ des jedesmaligen Vorrats und dazu $\frac{2}{3}$ eines Eies verkauft werden, so muss der anfängliche, auf den Markt kommende Vorrat $3^n - 1$ Eier betragen. Finden also 4 Verkäufe statt, so muss der Vorrat aus $3^4 - 1 = 80$ Eiern bestehen. In der That ergiebt sich dann ein erster Verkauf von 54 Eiern, ein Rest von 26 Eiern, ein zweiter Verkauf von 18 Eiern, ein Rest von 8 Eiern, ein dritter Verkauf von 6 Eiern, ein Rest von 2 Eiern, und ein vierter und letzter Verkauf dieser zwei Eier. Ebenso würde bei fünf Verkäufen ein Vorrat von $3^5 - 1 = 242$ Eiern, bei sechs Verkäufen ein Vorrat von $3^6 - 1 = 728$ Eiern da sein müssen. Wenn ferner $b = 0$, also $\beta = 1$, und wenn $\alpha = 4$ ist, so ist immer $\frac{3}{4}$ des jedesmaligen Vorrats und dazu $\frac{3}{4}$

eines Eies zu verkaufen. Dann wird z. B. bei vier Verkäufen der Vorrat erschöpft, wenn der anfängliche Vorrat $a = 4^4 - 1 = 255$ Eier beträgt. Dann hat man nämlich zuerst 192 Eier zu verkaufen, worauf ein Rest von 63 Eiern bleibt. Darauf findet ein zweiter Verkauf von 48 Eiern statt, worauf ein Rest von 15 Eiern bleibt. Der dritte Verkauf beträgt dann 12 Eier, worauf 3 Eier übrig bleiben. Endlich erschöpft ein vierter Verkauf dieser 3 Eier den ganzen Vorrat.

Wenn alle Eier verkauft werden sollen, also $b = 0$ ist, so ist es, wie unsere Formeln zeigen, unmöglich, dass m gleich einer andern ganzen Zahl als 2 ist, dass also $\frac{1}{m}$ ein anderer Stammbruch, als $\frac{1}{2}$ ist, wo unter Stammbruch ein Bruch zu verstehen ist, dessen Zähler 1 ist, wie z. B. $\frac{1}{3}$, $\frac{1}{4}$, $\frac{1}{7}$. Man kann jedoch die Bedingung, dass $b = 0$ ist, fallen lassen, und dafür die Bedingung, dass m ganzzahlig ist, oder, was dasselbe ist, dass $\frac{1}{m}$ ein Stammbruch ist, aufrecht erhalten. Dann erhält man, wenn $m = 3$ ist, $\alpha = 3$, $\beta = 2$, ferner, wenn $m = 4$ ist, $\alpha = 4$, $\beta = 3$, wenn $m = 5$ ist, $\alpha = 5$, $\beta = 4$ u. s. w. Beispielsweise werde immer ein Fünftel des Vorrats und dazu $\frac{1}{5}$ Ei verkauft. Dann ist bei n Verkäufen der Vorrat a gleich $5^n - 1$, der schliessliche unverkauft gebliebene Rest b gleich $4^n - 1$ zu setzen. Dies ergiebt z. B. für $n = 5$ einen Vorrat von 3124 Eiern, und einen schliesslichen Rest von 1023 Eiern. Der erste Verkauf besteht aus 625 Eiern, worauf ein Rest von 2499 bleibt. Der zweite Verkauf umfasst 500 Eier und lässt einen Rest von 1999 Eiern. Der dritte Verkauf von 400 Eiern lässt einen Rest von 1599 Eiern, der vierte Verkauf von 320 Eiern lässt noch 1279 Eier übrig. Endlich werden zuletzt dann 256 Eier verkauft, die einen unverkauften Bestand von 1023 Eiern übrig lassen, wie auch aus den Formeln berechnet war.

Eine fünfte Art von Aufgaben, die sich auf eine erschwerte Teilung beziehen, sind die schon aus der römischen Kaiserzeit stammenden Erbteilungs-Probleme. Bei dieser Art liegt die Erschwerung darin, dass ein Mann hofft, Vater zu werden, aber schon vor der Geburt seines Kindes lebensgefährlich erkrankt und desshalb eine testamentarische Bestimmung darüber trifft, wieviel von seinem Vermögen die Mutter und wieviel das erwartete Kind erhalten soll, je nachdem dasselbe männlich oder weiblich sein würde. Beispielsweise solle die Mutter 4 Teile und das Kind, wenn es männlich sein würde, 5 Teile des Vermögens erhalten; wenn jedoch eine Tochter geboren werden sollte, dann sollte die Mutter 3, die Tochter 2 Teile erhalten. Nun aber wird ein Zwillingspaar geboren, nämlich ein Sohn und eine Tochter. Die Frage entsteht nun, wie das Vermögen zu verteilen ist, damit dem Willen des Erblassers möglichst Rechnung getragen würde. Wenn man bei der testamentarischen Bestimmung als das Wesentliche das Verhältnis des Anteils m der Mutter zum Anteil s des Sohnes und zum Anteil t der Tochter auffasst, so hat man, um die Frage zu beantworten, die beiden Proportionen:

$$m : s = 4 : 5$$
$$\text{und } m : t = 3 : 2$$

in eine einzige Proportion zu verschmelzen, wobei sich ergiebt:

$$m : s : t = 12 : 15 : 8.$$

Betrug also das hinterlassene Vermögen etwa 35000 Mark, so hatte die Mutter 12000 Mark, der Sohn 15000 Mark, die Tochter 8000 Mark zu erhalten. Dies ist die gewöhnlich gegebene Lösung des Problems. Sie fällt jedoch sehr zu Ungunsten der Mutter aus. Wenn man nämlich aus der testamentarischen Bestimmung als letzten Willen des Erblassers herausliesst, dass die Mutter $\frac{4}{9}$ bezw. $\frac{3}{5}$ des Vermögens erhalten soll, je nachdem ein Sohn oder eine Tochter geboren würde, so kann man daraus schliessen, dass der Mutter mindestens $\frac{4}{9}$ des Vermögens zugedacht war. Dann müsste sie aber $15555\frac{5}{9}$ Mark erhalten. Folglich blieben zur Verteilung an das Zwillingspaar $19444\frac{4}{9}$ Mark übrig. Nach dem Willen des Erblassers soll der Sohn $\frac{5}{4}$ des Anteils der Mutter, die Tochter $\frac{2}{3}$ des Anteils der Mutter bekommen, sodass das Verhältniss ihrer Anteile $\frac{5}{4}$ zu $\frac{2}{3}$, d. h. 15 zu 8 ist. Hiernach ist die nach Abzug des Anteils der Mutter übrig bleibende Geldsumme von $19444\frac{4}{9}$ Mark im Verhältnis 15 zu 8 zu teilen, d. h. es müsste der Sohn $12681\frac{11}{69}$ Mark, die Tochter $6763\frac{59}{207}$ Mark erhalten. Man sieht aus der Möglichkeit von zwei Lösungen des Problems, dass die testamentarische Bestimmung des Erblassers nicht genau genug gefasst war, da mindestens zwei verschiedene Auffassungen des letzten Willens möglich sind.

Zu den Problemen der erschwerten Teilung kann man auch jene Aufgaben rechnen, welche sich auf zwei Spieler beziehen, die, infolge eines am Weiterspiel hindernden Ereignisses (force majeure) gezwungen sind, ihre Spiel-Serie zu unterbrechen, und desshalb Veranlassung nehmen, das eingezahlte Geld nach Maassgabe der Zahl der von jedem gewonnenen Spiele unter sich zu verteilen. Solche Aufgaben wollen wir jedoch erst in dem Abschnitt „Wahrscheinlichkeitsprobleme“ besprechen; was um so gerechtfertigter ist, als diese Aufgaben es gewesen sind, welche um 1650 Pascal und Fermat anregten, ein neues Gebiet der Mathematik, die Wahrscheinlichkeitsrechnung, zu schaffen.

§ 17.

Arithmetische Trugschlüsse.

Gleiches mit Gleichem verknüpft giebt Gleiches, wenn die Verknüpfung durch die drei Rechnungsarten Addition, Subtraktion und Multiplikation geschieht. Wenn aber die Verknüpfung durch Division geschieht, so ergiebt sich mit Notwendigkeit nur dann Gleiches, wenn die Divisoren von Null verschieden sind. Durch Nichtbeachtung der Bedingung, dass die Divisoren von Null verschieden sein müssen, ergeben sich Trugschlüsse, welche oft benutzt werden, um Scheinbeweise dafür zu liefern, dass zwei ungleiche Zahlen gleich sind, z. B., dass $5 = 7$ ist. Um Personen, die in der Arithmetik nicht hinreichend geschult sind, aufs Glatteis zu führen, muss man bei Vorführung solcher Scheinbeweise das Dividieren durch eine Zahl, die den Wert null hat, möglichst zu verdecken suchen. Wie dies geschehen kann, zeigt folgendes Beispiel:

Das $1\frac{1}{2}$-fache von b heisse a. Also $a = \frac{3}{2}b$, woraus durch Multiplikation mit 4 folgt:

$$4a = 6b,$$

oder, was dasselbe ist:

$$14a - 10a = 21b - 15b,$$

woraus durch Transponieren folgt:

$$15b - 10a = 21b - 14a.$$

Sondert man nun links 5, rechts 7 ab, so erhält man:

$$5(3b - 2a) = 7(3b - 2a).$$

Dividiert man diese Gleichung durch $3b - 2a$, so erhält man $5 = 7$.

Eine zweite Art von Trugschlüssen beruht auf der Doppeldeutigkeit der Quadratwurzel-Ausziehung. Wenn $x^2 = y^2$ ist, so folgt nicht mit Sicherheit, dass $x = y$ ist, sondern dass $x = +y$ oder auch $= -y$ ist. Was von beiden richtig ist, kann oft aus dem Zusammenhang, nicht aber ohne weiteres bestimmt werden. Wenn man z. B. $a^2 - 2ab + b^2 = b^2 - 2ab + a^2$ setzt, was unzweifelhaft richtig ist, da nur die Reihenfolge der Glieder geändert ist, so darf hieraus nicht geschlossen werden, dass $a - b = b - a$ ist, was ja zur Folge hätte, dass $a = b$ sein müsste. Wohl aber kann man schliessen, dass $a - b = +(b - a)$ oder $= -(b - a)$ sein muss, und bei diesem Beispiel ist nur $-(b - a) = a - b$ richtig. Auf dem hiermit gekennzeichneten Trugschluss beruht z. B. der folgende Beweis, dass $9 = 5$ ist. Es ist jedenfalls:

$$9 + 5 = 2 . 7,$$

also auch, da man mit $9 - 5$ beiderseits multiplizieren darf,

$$9^2 - 5^2 = 2 . 7 . 9 - 2 . 7 . 5,$$

woraus folgt:

$$9^2 - 2 . 9 . 7 = 5^2 - 2 . 5 . 7.$$

Man addiere nun beiderseits 7^2. Dann kommt:

$$9^2 - 2 . 9 . 7 + 7^2 = 5^2 - 2 . 5 . 7 + 7^2.$$

Wenn man nun hieraus durch beiderseitige Quadratwurzel-Ausziehung den Schluss zieht:

$$9 - 7 = 5 - 7$$

und dann rechts und links 7 addiert, so erhält man $9 = 5$.

Eine dritte Art von arithmetischen Trugschlüssen beruht darauf, dass man eine Summe von unendlich vielen Zahlen für unendlich gross hält. Allerdings ist eine Summe von unendlich vielen positiven ganzen Zahlen unendlich gross, d. h. bei hinreichend fortgesetzter Addition kann man es erreichen, dass die Summe grösser wird, als jede gewünschte noch so grosse Zahl. Auch eine Summe von lauter Brüchen, die sämtlich kleiner als 1 sind, und von denen jeder folgende kleiner als der vorhergehende ist, kann unendlich gross werden, wie z. B.:

$$\tfrac{1}{2} + \tfrac{1}{3} + \tfrac{1}{4} + \tfrac{1}{5} + \tfrac{1}{6} + \tfrac{1}{7} + \ldots$$

Dass diese Summe der reziproken Werte aller ganzen Zahlen von 2 an aufwärts, grösser als jede gewünschte Zahl wird, wenn man nur die Summierung hinreichend weit fortsetzt, kann auf folgende Weise erkannt werden. Man schliesse $\frac{1}{2}$, dann $\frac{1}{3} + \frac{1}{4}$, dann $\frac{1}{5} + \frac{1}{6} + \frac{1}{7} + \frac{1}{8}$, dann die Summe von $\frac{1}{9}$ bis $\frac{1}{16}$ u. s. w. in eine Klammer ein. Dann ist die Zahl in der ersten Klammer gleich $\frac{1}{2}$, der Wert der Summe in der zweiten Klammer grösser als $\frac{1}{2}$, weil $\frac{1}{3} > \frac{1}{4}$ ist, der Wert der Summe in der dritten Klammer grösser als $\frac{1}{2}$, weil $\frac{1}{5} > \frac{1}{8}$, $\frac{1}{6} > \frac{1}{8}$, $\frac{1}{7} > \frac{1}{8}$ ist, u. s. w. So erhält man, dass die Summe aller Brüche in den ersten a Klammern grösser als

$\frac{1}{2}$ mal a sein muss. Will man also, dass die Summe grösser werden soll, als die beliebig gross angenommene Zahl b, so hat man nur 2 mal b Klammern zur Addition zu verwenden, d. h. man hat die Summation der Brüche $\frac{1}{2}$, $\frac{1}{3}$, $\frac{1}{4}$, $\frac{1}{5}$ u. s. w. bis zum Bruche $\frac{1}{2^{2b}}$ fortzusetzen. Dann kann man sicher sein, eine Summe zu erhalten, die noch grösser als b ist.

Wenn man aber Brüche addieren soll, von denen jeder der c-te Teil des vorhergehenden ist, so bleibt man bei fortgesetzter Addition immer unterhalb einer gewissen angebbaren Grenze, die man nie überschreiten kann, wie weit man auch die Summation fortsetzen mag, obwohl man dieser Summe sich fortgesetzt nähert. Ein bekanntes Beispiel bietet die Reihe:

$$1 + \tfrac{1}{2} + \tfrac{1}{4} + \tfrac{1}{8} + \tfrac{1}{16} + \tfrac{1}{32} + \ldots.$$

Nimmt man nur drei Glieder zur Addition, so erhält man $1\frac{3}{4}$. Fügt man dann noch immer 1 Glied hinzu, so erhält man $1\frac{7}{8}$, $1\frac{15}{16}$, $1\frac{31}{32}$, $1\frac{63}{64}$ u. s. w. Man erkennt leicht, dass die erhaltenen Summen die Zahl Zwei als Grenze haben, d. h., dass sie zwar immer kleiner als 2 bleiben, aber doch sich der Zahl Zwei immer mehr nähern. Dieses Beispiel lehrt also, dass die Summe von unzählig vielen Brüchen nicht unendlich gross zu sein braucht, sondern auch einer angebbaren endlichen Zahl, in unserem Beispiel der Zahl Zwei, unendlich nahe kommen kann. Auf Nichtbeachtung dieser Wahrheit beruht auch der Trugschluss des Zenon von Elea (Aristoteles, Physica, liber VI, Kapitel 9), der so ausgesprochen werden kann. Achilleus verfolgte eine Schildkröte, die ihm ein Stadium voraus war, mit einer Geschwindigkeit, die zehnmal so gross ist, als die der Schildkröte. Zenon behauptet: Achilleus wird die Schildkröte nie einholen. Denn während er das erste Stadium durchläuft, legt die Schildkröte $\frac{1}{10}$ des zweiten Stadiums zurück; und, während er dieses durchläuft, ist die Schildkröte um $\frac{1}{100}$ Stadium weitergekrochen. Als Achilleus auch diese Strecke zurückgelegt hat, hat sich das Tier um $\frac{1}{1000}$ Stadium vorwärts bewegt, u. s. w. Man erkennt, dass der Weg des Achilleus aus einer Summe von unzählig vielen Wegen besteht, von denen aber jeder der zehnte Teil des vorhergehenden ist. Eine solche Summe ist aber eine endliche. Achilleus durchläuft nämlich nicht mehr Stadien, als die Summe:

$$1 + \frac{1}{10} + \frac{1}{100} + \frac{1}{1000} + \cdots$$

angiebt, und dies ist $1\frac{1}{9}$ Stadium. Ebenso ergiebt sich, dass der Weg der Schildkröte

$$\frac{1}{10} + \frac{1}{100} + \frac{1}{1000} + \cdots = \frac{1}{10} \cdot \frac{1}{1 - \frac{1}{10}}$$

als $\frac{1}{9}$ Stadium, beträgt. Auch die Zeit, die Achilleus zum Einholen braucht, ergiebt sich als eine Summe von unzählig vielen Zeiträumen, von den jeder der zehnte Teil des vorhergehenden ist. Betrachtet man nämlich die Zeit, die Achilleus zum Durchlaufen des ersten Stadiums gebraucht, als Zeiteinheit, so verbraucht er sowohl wie die Schildkröte soviel Zeiteinheiten, wie die folgende Summe angiebt:

$$1 + \frac{1}{10} + \frac{1}{100} + \frac{1}{1000}$$

und dies ist $1\frac{1}{9}$.

§ 18.

Diophantische Gleichungen.

Diophantisch heisst eine Gleichung, wenn dieselbe zwei oder mehr Unbekannte enthält, und unter den unzählig vielen Werten derselben diejenigen herausgefunden werden sollen, welche positiv-ganzzahlig sind. Gleichungs-Systeme, bei denen die Zahl der Unbekannten die Zahl der Gleichungen übersteigt, lassen sich durch Elimination auf diophantische Gleichungen zurückführen, und heissen deshalb auch diophantisch.

Auf diophantische Gleichungen oder Gleichungs-Systeme führen solche Unterhaltungsaufgaben, bei denen nach Zahlen gefragt wird, die, gemäss ihrer Benennung, positive ganze Zahlen sein müssen, z. B. die Anzahl von lebenden Wesen, von Eiern, von Münzen, von Weinflaschen u. s. w. Gewöhnlich werden bei solchen Aufgaben die gesuchten Zahlen durch Raten gefunden. Da aber die von Euler in seiner „Algebra“ gegebene methodische Lösung nur sehr elementare, arithmetische Hülfsmittel anwendet, so sollen hier die Lösungen von einigen solchen Unterhaltungsaufgaben Platz finden:

1) Ein Gartenbesitzer kauft in einer Baumschule Rosenstöcke, und zwar solche zu 7 Mark und solche

zu 3 Mark. Im ganzen hat er dafür 43 Mark zu bezahlen. Wieviel Stöcke kaufte er von jeder Sorte? Die Lösung gestaltet sich folgendermassen. x sei die Anzahl der teureren, y die Anzahl der billigeren Stöcke. Dann giebt er 7 x Mark für die teureren, 5 y Mark für die billigeren Stöcke aus. Also muss sein:

$$7x + 5y = 43.$$

Hieraus schliesst man:

$$y = \frac{43 - 7x}{5} = 8 - x + \frac{3 - 2x}{5} = 8 - x + a,$$

wo a für $\frac{3 - 2x}{5}$ gesetzt ist. Wenn y und $8 - x$ ganze Zahlen sind, so muss auch a ganzzahlig sein. Wir schliessen nun aus:

$$a = \frac{3 - 2x}{5}, \text{ dass } x = \frac{3 - 5a}{2}$$

sein muss, oder:

$$x = 1 - 2a + \frac{1 - a}{2} = 1 - 2a + b,$$

woraus folgt, dass

$$a = 1 - 2b$$

ist. Durch Einsetzen erhalten wir nun zuerst x und dann y durch b ausgedrückt, nämlich:

$$x = 1 - 2 + 4b + b = 5b - 1$$
$$y = 8 - 5b + 1 + 1 - 2b = 10 - 7b.$$

Jede ganze Zahl, die man hier für b einsetzt, liefert nun auch für x und für y ganze Zahlen. Man erkennt aber, dass nur die Einsetzung von $b = 1$ bewirkt, dass x und y auch positiv werden. Setzt man $b = 1$, so erhält man $x = 4$, $y = 3$ als das einzige, positiv-ganzzahlige Wertepaar, das die Gleichung $7x + 5y = 43$ erfüllt. Also lautet die Antwort, dass 4 Rosenstöcke von der theuren, 3 von der billigen Sorte gekauft wurden.

2) Jemand bezahlt eine Rechnung von 51 Mark in Zehnmark- und Dreimark-Stücken. Wieviel Stücke gab er von jeder Geldsorte? In ähnlicher Weise wie bei 1) erhält man nacheinander:

$$10x + 3y = 51,$$

$$y = \frac{51 - 10x}{3} = 17 - 3x - \frac{x}{3} = 17 - 3x - a,$$

also:

$$x = 3a; \; y = 17 - 9a - a = 17 - 10a.$$

Nur der Wert $a = 1$ bewirkt, dass x und y positiv werden. Dadurch erhält man $x = 3$, $y = 7$. Also lautet die Antwort, dass er drei Zehnmarkstücke und sieben Dreimarkstücke bezahlt.

3) Ein Bauer liefert 22 Stück Geflügel nach der Stadt, nämlich Gänse, Enten, Hühner und Tauben. Für jede Gans erhielt er 3,60 Mark, für jede Ente 1,10 Mark, für jedes Huhn 1,15 Mark und für jede Taube 0,40 Mark. Im ganzen erhält er 22,35 Mark. Wieviel lieferte er von jeder Geflügelart? Diese Aufgabe ist dadurch etwas schwerer, als die beiden vorhergehenden, weil sie nicht auf e i n e Gleichung mit z w e i Unbekannten, sondern auf z w e i Gleichungen mit v i e r

Unbekannten führt. Durch Elimination der einen Unbekannten gelangt man zu einer Gleichung mit drei Unbekannten, die in ähnlicher Weise, wie die Gleichungen in 1) und 2) zu behandeln ist, nur mit dem Unterschiede, dass die Unbekannten nicht durch einen, sondern durch zwei Buchstaben ausgedrückt werden. Wir erhalten zunächst:

$$\left\{\begin{array}{r} x + y + z + u = 22 \\ 360x + 110y + 115z + 40u = 2235 \end{array}\right\}$$

Nachdem die zweite Gleichung durch 5 gehoben ist, erhält man bei y und z Koeffizienten, die 22 und 23 heissen, sich also nur um 1 unterscheiden. Deshalb erscheint es praktisch, die erste Gleichung mit einem dieser Koeffizienten zu multiplizieren, und dann durch Subtraktion der beiden Gleichungen eine einzige Gleichung zu erzielen, die nun bloss drei Unbekannte enthält. So erhält man:

$$\left\{\begin{array}{r} 22x + 22y + 22z + 22u = 484 \\ 72x + 22y + 23z + 8u = 447 \end{array}\right\},$$

woraus folgt:

$$-50x - z + 14u = 37,$$

wonach sofort z durch x und u ausgedrückt werden kann, nämlich:

$$z = 14u - 50x - 37.$$

Setzt man dies in die erste Gleichung ein, so erhält man:

$$y = 59 + 49x - 15u.$$

Da x mindestens 1 sein muss, so setzen wir zunächst $x = 1$, woraus folgt:

$$z = 14u - 87$$
$$y = 108 - 15u.$$

Damit nun y und z positiv werden, muss $u = 7$ und nur $= 7$ sein. Dadurch kommt $z = 11$, $y = 3$. Zweitens setzen wir $x = 2$ und erhalten:

$$z = 14u - 137$$
$$y = 157 - 15u,$$

woraus folgt, dass u nur gleich 10 sein kann, so dass $z = 3$, $y = 7$ wird. Nimmt man x gleich oder grösser als drei an, so gelangt man zu Gleichungen, die durch positive Werte von y, z, u nicht erfüllbar sind. Demgemäss erhalten wir zwei Lösungen, nämlich:

$$x = 1,\ y = 3,\ z = 11,\ u = 7;$$
$$\text{und } x = 2,\ y = 7,\ z = 3,\ u = 10.$$

Die Antwort lautet also, dass der Bauer entweder 1 Gans, 3 Enten, 11 Hühner und 7 Tauben oder 2 Gänse, 7 Enten, 3 Hühner und 10 Tauben geliefert haben muss, und dass eine andere Möglichkeit nicht vorhanden ist.

Obwohl Euler der erste war, welcher eine leicht verständliche und allgemeine Methode für die Lösung von diophantischen Gleichungen angab, so gab doch schon Bachet in seinem klassischen Buche (1612) eine Reihe von diophantischen Gleichungen, die er geschickt durch Verstandesschlüsse zu lösen verstand. Vor Bachet treten zwei solche Gleichungen schon in der Arithmetik des Tartalea (1554) auf. Während aber Tartalea immer nur eine einzige Lösung durch Probieren findet, versteht es Bachet, alle Lösungen zu finden. Die erste der beiden Gleichungen des Tartalea lautet in Worten: „Die Zahl 100 in vier ganzzahlige Addenden so zu zerlegen, dass wiederum 100 herauskommt, wenn man den ersten Addenden mit 3, den zweiten mit 1, den dritten mit $\frac{1}{3}$, den vierten mit $\frac{1}{2}$ multipliziert. Tartalea giebt nur die eine Lösung:

$$100 = 19 + 22 + 51 + 8,$$
$$100 = 3 \,.\, 19 + 1 \,.\, 22 + \tfrac{1}{3} \,.\, 51 + \tfrac{1}{2} \,.\, 8,$$

während Bachet 126 Lösungen angiebt. Die zweite der beiden von Tartalea herrührenden diophantischen Aufgaben verlangt die Zerlegung der Zahl 200 in fünf ganzzahlige Addenden derartig, dass auch wieder 200 sich ergiebt, wenn man den ersten Addenden mit 12, den zweiten mit 3, den dritten mit 1, den vierten mit $\frac{1}{2}$, den fünften mit $\frac{1}{3}$ multipliziert. Auch bei dieser Aufgabe giebt Tartalea nur eine einzige Lösung an, nämlich:

$$200 = 6 + 12 + 34 + 52 + 96,$$
$$200 = 12 \,.\, 6 + 3 \,.\, 12 + 1 \,.\, 34 + \tfrac{1}{2} \,.\, 52 + \tfrac{1}{3} \,.\, 96,$$

während nach Bachet 6639 Lösungen möglich sind.

Die von Bachet selbst aufgestellte und durch Verstandesschlüsse zur Lösung geführte diophantische Aufgabe ist eingekleidet und lautet, wenn wir Mark statt „sous“ sagen, folgendermaassen: „An einem Bankett nehmen Männer, Frauen und Kinder teil, im ganzen 41 Personen, die zusammen 40 Mark ausgeben, indem jeder Mann 4 Mark, jede Frau 3 Mark und jedes Kind $\frac{1}{3}$ Mark ausgiebt. Wieviel Männer, wieviel Frauen und wieviel Kinder waren es?“ Die Lösung gestaltet sich nach der Eulerschen Methode folgendermaassen:

$$\left\{\begin{array}{l} x + y + z = 41 \\ 4x + 3y + \frac{1}{3}z = 40 \end{array}\right\},$$

woraus folgt:

$$11x + 8y = 79.$$

Diese Gleichung wird erfüllt durch:

$$\left\{\begin{array}{l} x = 5 - 8b \\ y = 11b + 3 \end{array}\right\},$$

wodurch man aus $x + y + z = 41$ findet, dass

$$z = 33 - 3b$$

sein muss, und dass nur $b = 0$ zu einer Lösung in positiven ganzen Zahlen führen kann, nämlich zu $x = 5$, $y = 3$, $z = 33$. Diese Lösung findet auch Bachet als einzig mögliche.

Das zweite von Bachet behandelte Beispiel ist von derselben Art, indem nur die Zahlenwerte andre sind. Die Zahl der Männer, Frauen und Kinder beträgt zusammen 20. Auch werden 20 Mark ausgegeben, und zwar dadurch, dass jeder Mann 4 Mark, jede Frau eine halbe Mark und jedes Kind $\frac{1}{4}$ Mark ausgiebt. Die Lösung:

$$y = 60 - 15x$$
$$z = 14x - 40$$

lässt erkennen, dass $x = 3$ sein muss, damit y und z beide positiv werden. Auch Bachet findet, dass „3 Männer, 15 Frauen und 2 Kinder" die einzige Lösung sind.

Durch diophantische Gleichungen lassen sich auch die Aufgaben lösen, welche verlangen, dass man eine

Zahl aus den **Resten** bestimmt, die übrig bleiben, wenn man die Zahl durch bestimmte Divisoren dividiert. Soll z. B. eine Zahl bestimmt werden, die erstens, durch 5 dividiert, den Rest 2, zweitens durch 7 dividiert, den Rest 5, und drittens, durch 9 dividiert, den Rest 3 liefert, so setzt man an:

$$N = 5x + 2 = 7y + 5 = 9z + 3.$$

Aus $5x + 2 = 7y + 5$ folgt:

$$x = \frac{7y + 3}{5} = y + \frac{2y + 3}{5} = y + a,$$

daraus $y = \frac{5a - 3}{2} = 2a - 1 + \frac{a - 1}{2} = 2a - 1 + b,$

und hieraus: $a = 2b + 1$, also $y = 4b + 2 - 1 + b = 5b + 1$ und $x = 5b + 1 + 2b + 1 = 7b + 2$. Setzt man die soeben für y und für x gefundenen Ausdrücke in die Ausgangs-Gleichung ein, so erhält man:

$$N = 35b + 12,$$

woraus dadurch, dass man für b jede ganze Zahl setzt, zunächst alle Zahlen entstehen, welche die ersten beiden Bedingungen erfüllen, durch 5 geteilt, den Rest 2, und, durch 7 dividiert, den Rest 5 zu lassen. Wir verbinden nun den gefundenen Ausdruck $35b + 12$ mit $9z + 3$ durch das Gleichheitszeichen, um aus jenen, die beiden ersten Bedingungen erfüllenden Zahlen, diejenigen auszusondern, welche auch die dritte Bedingung erfüllen. So entsteht:

$$35b + 12 = 9z + 3,$$

woraus folgt:

$$z = \frac{35b + 9}{9} = 4b + 1 - \frac{b}{9} = 4b + 1 - c,$$

was $b = 9c$ ergiebt. Also ist:

$$z = 36c + 1 - c = 35c + 1.$$

Durch Einsetzen erhält man nun übereinstimmend:

$$N = 315c + 12.$$

Die zu bestimmende Zahl ist daher 12 oder 327 oder 642 u. s. w. So ergiebt sich jede Zahl der mit 12 beginnenden und um 315 steigenden arithmetischen Reihe.

Ist zweitens eine Zahl zu suchen, die durch 3 geteilt, den Rest 2, durch 7 geteilt, den Rest 2 und durch 8 geteilt, den Rest 3 lässt, so gelangt man in derselben Weise zu:

$$N = 168n + 107.$$

Die kleinste Zahl, die alle die Bedingungen erfüllt, ist also 107, und überhaupt jede Zahl der arithmetischen Reihe, die mit 107 anfängt und die um 3 mal 7 mal 8 oder 168 steigt.

Es bietet keine Schwierigkeit, in derselben Weise auch die kleinste Zahl zu bestimmen, die vier oder noch mehr derartige Rest-Bedingungen erfüllt. Um alle weiteren Zahlen zu bestimmen, hat man nur, so oft man will, das Produkt aller Divisoren zur kleinsten Zahl zu addieren. Hierbei ist natürlich vorausgesetzt, dass die gewählten Divisoren keinen gemeinsamen Teiler haben.

Eine bequemere Methode, um eine Zahl aus den Resten zu bestimmen, die sie bei Teilungen lässt, geht aus folgenden Beispielen hervor:

1) Wenn eine Zahl zu bestimmen ist, die durch 5 geteilt, den Rest 1 und durch 9 geteilt, den Rest 7 lässt, so suche man das kleinste Vielfache von 9, das durch 5 geteilt, den Rest 1 lässt, und das kleinste Vielfache von 5, das durch 9 geteilt, den Rest 1 lässt. Diese Vielfachen sind 36 und 10. Diese Vielfachen multipliziere man mit den Resten, und zwar 36 mit 1, 10 mit 7, die erhaltenen Produkte 36 und 70 addiere man, was 106 ergiebt. Dieses ist sicher eine Zahl, welche die beiden gestellten Bedingungen erfüllt. Nur ergiebt sich auf solche Weise nicht notwendig die kleinste aller Zahlen. Um diese kleinste zu finden, muss man den Rest bestimmen, der bleibt, wenn man die so gefundene Zahl durch das Produkt der Divisoren dividiert. Da bei der Division von 106 durch 45 der Rest 16 bleibt, so ergiebt sich 16 als die kleinste Zahl, die, durch 5 geteilt, den Rest 1, durch 9 geteilt, den Rest 7 lässt.

2) Wenn die kleinste Zahl gesucht wird, die, durch 7 geteilt, den Rest 3, durch 13 geteilt, den Rest 9 lässt, so hat man zunächst die Vielfachen von 7 bezw. 13 zu suchen, die durch 13 bezw. 7 geteilt, den Rest 1 lassen. Es sind dies 14 und 78. Die Produkte dieser Zahlen mit den nicht zugehörigen Resten 9 und 3 ergeben 126 und 234, woraus durch Addition 360 folgt. Der Rest, der bleibt, wenn man 360 durch 7 mal 13 oder 91 teilt, ist 87, und dies ist die kleinste Zahl, die die beiden gegebenen Bedingungen erfüllt.

3) Auch bei drei oder noch mehr Rest-Bedingungen lässt sich die soeben angegebene Methode anwenden, wie folgendes Beispiel zeigt. Es sei die kleinste Zahl

zu suchen, die durch 3 dividiert, den Rest 2, durch 7 dividiert, den Rest 4, durch 11 dividiert, den Rest 2 lässt. Wie man die gesuchte kleinste Zahl zu berechnen hat, ist aus der folgenden übersichtlichen Schreibung ersichtlich:

Divisoren:	3	7	11
Reste:	2	4	2
	7 . 11	3 . 11	3 . 7
Grundzahlen:	= 77	= 33	= 21
Vielfache:	154	99	210
Produkte:	308	396	420

Die Summe von 308 und 396 und 420 ist 1124, welche Zahl durch 3 mal 7 mal 11 oder 231 zu teilen ist. Der Rest, der bei der Divisien übrig bleibt, ist 200. Also ist 200 die gesuchte kleinste Zahl.

4) Man kann die Aufsuchung der Zahlen, die gegebene Rest-Bedingungen erfüllen, auch als Rate-Kunststück auffassen. Man bittet dann jemand anders, sich eine beliebige Zahl zu denken, und beliebige kleinere Zahlen zu wählen, durch welche die gedachte Zahl dividiert werden soll. Man lässt sich dann erstens die Divisoren, zweitens die Reste nennen, die bei der Division bleiben, und ist dann nach der aus den obigen Beispielen hervorgehenden Methode immer imstande, die gedachte Zahl anzugeben, wenn sie kleiner ist, als das Produkt der Divisoren. Ist sie grösser, so hat man zu der berechneten Zahl das Produkt der Divisoren oder ein Vielfaches dieses Produkts zu addieren, um die gedachte Zahl zu erhalten. Dabei ist nur not-

wendig, dass die gewählten Divisoren keinen gemeinsamen Teiler haben. Angenommen, es habe sich jemand 444 gedacht, und als Divisoren 5, 7, 17 gewählt. Dann erhält er als Reste beziehungsweise 4, 3, 2. Man stellt sich dann das folgende Schema zur Berechnung der zu ratenden Zahl 444 auf:

Divisoren:	5	7	17
Reste:	4	3	2
	7 . 17	5 . 17	5 . 7
Grundzahlen:	= 119	= 85	= 35
Vielfache:	476	85	35
Produkte:	1904	255	70

Summe:	2229
Divisoren-Produkt:	595
Rest:	444.

Also ist die gedachte Zahl 444.

§ 19.

Primzahlen und Teilbarkeitsregeln.

Eine Zahl, welche nur durch sich selbst oder durch Eins teilbar ist, heisst **Primzahl**, jede andere Zahl **zusammengesetzt**. Jede zusammengesetzte Zahl lässt sich als Produkt von Potenzen von Primzahlen darstellen, ein Umstand, den wir schon in § 14 bei der Auffindung der Teilersummen benutzt haben. Wenn man alle Primzahlen der Grösse nach ordnet, so erkennt man leicht, dass dieselben immer seltener werden, indem z. B. zwischen 1 und 1000 mehr Primzahlen liegen, als zwischen 1000 und 2000 u. s. w. Trotzdem lässt sich leicht erkennen, dass die Primzahlen nie ganz aufhören können, oder, was dasselbe ist, dass es keine grösste Primzahl geben kann. Denn wäre a die grösste aller Primzahlen, so müsste das Produkt aller Primzahlen bis zu a hin, also

$$2 . 3 . 5 . 7 . 11 . 13 . 17 \dots a$$

durch jede existierende Primzahl teilbar sein. Wenn man also zu diesem Produkte die Zahl Eins addierte, so müsste man eine Zahl erhalten, die, durch jede existierende Primzahl dividiert, den Rest 1 ergäbe.

Das um 1 vermehrte Produkt aller Primzahlen bis a müsste also selbst eine Primzahl sein. Diese letztere wäre aber grösser als a. Die Anzahl aller Primzahlen übersteigt also jede noch so grosse Zahl. Dieser Satz lässt sich sogar dahin verallgemeinern, dass auch in jeder arithmetischen Reihe:

$$a, a + d, a + 2d, a + 3d, \ldots$$

unzählig viele Primzahlen vorhanden sind; selbstverständlich, falls a und d nicht von vornherein einen gemeinsamen Teiler über 1 haben. Die Frage, wieviel Primzahlen zwischen 1 und einer beliebigen Zahl b vorhanden sind, hat die Mathematiker vielfach beschäftigt. Man kann jedoch die gesuchte Anzahl der Primzahlen unter b nur näherungsweise durch b ausdrücken.

Um zu entscheiden, ob eine vorliegende Zahl Primzahl sei oder nicht, und um im letzteren Falle sie als Produkt von Potenzen von Primzahlen darstellen zu können, kann man das triviale Mittel anwenden, der Reihe nach mit allen Primzahlen von 2 an aufwärts zu versuchen, ob sie in die vorliegende Zahl aufgehen oder nicht. Findet man so eine Primzahl, die aufgeht, so dividiere man durch sie, und verfahre nun mit dem erhaltenen Quotienten ebenso. In dieser Weise hat man so lange fortzufahren, bis man auf einen Quotienten stösst, der eine Primzahl ist. Wenn c ein solcher Quotient ist, bei dem zu entscheiden ist, ob er Primzahl ist oder nicht, so hat man nicht nötig, mit allen Primzahlen, die kleiner als c sind, zu versuchen, ob sie in c aufgehen, sondern nur mit denjenigen, die kleiner sind, als diejenige Primzahl p, deren Quadrat kleiner als c ist, während c wieder kleiner ist als das Quadrat der auf p folgenden, nächst grösseren Primzahl p. Wenn z. B. untersucht werden soll, ob 239 Primzahl ist oder nicht, so braucht man nur mit den Primzahlen von 2 bis 13 zu probieren, ob dieselben in 239 aufgehen, da

$$13^2 < 239 < 17^2$$

ist. Denn wäre 239 durch eine Primzahl über 13 teilbar, so müsste der Quotient doch kleiner als 13 sein, wäre also schon vorher als Teiler erkannt. Da keine der Zahlen 2, 3, 5, 7, 11, 13 in 239 aufgeht, so erweist sich 239 als eine Primzahl.

Es liegt die Frage nahe, ob nicht die Mathematik bessere und elegantere Mittel besitzt, um zu entscheiden, ob eine Zahl Primzahl ist oder nicht. Ein eleganteres Mittel als das eben besprochene, methodische Probieren, liefert der Wilsonsche Lehrsatz. Dieser Lehrsatz spricht aus, dass die Zahl p Primzahl ist oder nicht, je nachdem das um 1 vermehrte Produkt aller Zahlen von 1 bis p — 1 durch p teilbar ist oder nicht. So ist 5 eine Primzahl, weil

$$1 \,.\, 2 \,.\, 3 \,.\, 4 + 1 = 24 + 1 = 25$$

durch 5 teilbar ist. Die Zahl 6 ist keine Primzahl, weil

$$1 \,.\, 2 \,.\, 3 \,.\, 4 \,.\, 5 + 1 = 121$$

nicht durch 6 teilbar ist. Dagegen ist 7 eine Primzahl, weil

$$1 \,.\, 2 \,.\, 3 \,.\, 4 \,.\, 5 \,.\, 6 + 1 = 721$$

durch 7 teilbar ist. Dieser Wilsonsche Satz ist zwar theoretisch sehr interessant, aber praktisch völlig wertlos, weil seine Anwendung die Berechnung des Produktes aller Zahlen erfordert, die kleiner sind, als die zu untersuchende Zahl. Ein solches Produkt wird aber ungeheuer gross, sobald die zu untersuchende Zahl nicht gar zu klein ist. Um z. B. nach dem Wilsonschen Satze zu entscheiden, ob die kleinste vierziffrige Primzahl

$$1009$$

wirklich Primzahl ist oder nicht, hätte man alle Zahlen von 1 bis 1008 mit einander zu multiplizieren. Dies ergiebt aber eine Zahl, die mit 2592 Ziffern geschrieben wird. Es wird also wohl jedem Leser die Lust vergehen, diese Zahl durch Multiplizieren wirklich auszurechnen.

Wegen der praktischen Wertlosigkeit des Wilsonschen Satzes ist man darauf angewiesen, die Entscheidung, ob eine Zahl Primzahl sei oder nicht, dadurch zu treffen, dass man der Reihe nach mit den Primzahlen probiert, ob sie aufgehen oder nicht. Man braucht jedoch dabei die Division nicht wirklich auszuführen, sondern kann die auf unsrer dekadischen Zifferschrift beruhenden Teilbarkeitsregeln benutzen, die wir jetzt besprechen wollen.

Wenn man die letzte Ziffer einer beliebigen Zahl n mit b bezeichnet, und die Zahl, welche nach Fortlassung von b stehen bleibt, mit a, so ist die Zahl n selbst gleich

$$10a + b.$$

So ist $423 = 10 . 42 + 3$. Da nun aber der Faktor 10 durch 2 und durch 5 teilbar ist, so muss eine Zahl, durch 2 oder durch 5 geteilt, denselben Rest lassen, wie ihre letzte Ziffer b; d. h. sie muss durch 2 teilbar sein, wenn die letzte Ziffer 0, 2, 4, 6 oder 8 ist und durch 5 teilbar sein, wenn die letzte Ziffer 0 oder 5 ist. Wenn man in derselben Weise die aus den beiden letzten Ziffern bestehende Zahl B von der Zahl A abtrennt, die nach Ausstreichung der beiden letzten Ziffern stehen bleibt, so erhält man:

$$n = 100 A + B.$$

Da nun 100 durch $2^2 = 4$ und durch $5^2 = 25$ teilbar ist, so muss jede Zahl n bei der Teilung durch 4 bezw. durch 25 denselben Rest lassen, wie die aus den beiden letzten Ziffern bestehende Zahl. Eine Zahl n ist also durch 4 bezw. durch 25 teilbar, wenn es die aus den beiden letzten Ziffern bestehende Zahl ist. So weitergehend erkennt man, dass eine Zahl durch 2^n bezw. 5^n dividiert, denselben Rest lassen muss, wie die aus den n letzten Ziffern bestehende Zahl. Beispielsweise ist also eine Zahl dann und nur dann durch 125 teilbar, wenn ihre drei letzten Ziffern 000 oder 125 oder 250 oder 375 oder 500 oder 625 oder 750 oder 875 heissen.

Wenn man die Einer einer Zahl n mit a bezeichnet, die Zehner mit b, die Hunderter mit c u. s. w., so ist:

$$n = a + 10 b + 100 c + 1000 d + \dots$$

Zerlegt man 10 in $9 + 1$, 100 in $99 + 1$ u. s. w., so erhält man:

$$n = [9b + 99c + 999d + \ldots] + [a + b + c + d + \ldots]$$

Da nun die in der ersten eckigen Klammer stehende Summe durch 9 teilbar ist, so muss eine Zahl n bei der Teilung durch 9 denselben Rest lassen, wie die Summe ihrer Ziffern, oder, wie man sagt, wie ihre Quersumme. Von diesem Satze haben wir schon in § 7 einen ausgedehnten Gebrauch gemacht. Insbesondere ist also eine Zahl durch 9 und also auch durch 3 teilbar, wenn es ihre Quersumme ist.

Um einen entsprechenden Satz für die zweite 10 benachbarte Zahl 11 zu finden, setzen wir:

$$\begin{aligned} n &= a + 10b + 100c + 1000d + \ldots \\ &= [11b + 99c + 1001d + 9999e + \ldots] \\ &\quad + (a - b + c - d + e - \ldots). \end{aligned}$$

Da nun die in der eckigen Klammer stehende Summe durch 11 teilbar ist, weil es die Faktoren 11, 99, 1001, 9999... einzeln sind, so muss jede Zahl n bei der Teilung durch 11 denselben Rest lassen, wie ihre alternierende Quersumme, d. h. wie die Zahl, die sich ergiebt, wenn man die Summe der Einer, der Hunderter, der Zehntausender u. s. w. um die Summe der Zehner, Tausender, Hunderttausender u. s. w. vermindert. Insbesondere ist also eine Zahl durch 11 teilbar, wenn es ihre alternierende Quersumme ist. Es ist z. B. 759 durch 11 teiibar, weil $9 - 5 + 7$ oder $9 + 7 - 5$, d. h. 11, es ist. Es ist ferner 17281 durch 11 teilbar, weil $(1 + 2 + 1) - (7 + 8) = 4 - 15 = -11$ es ist. Auch 878922 erweist sich als teilbar durch 11, weil $(2+9+7)-(2+8+8)=0$ durch 11 teilbar ist. Endlich ist 93819 teilbar, weil $(9+8+9)-(1+3)=22$ durch 11 teilbar ist, Dagegen muss 4789, durch 11 geteilt, den Rest 4 lassen, weil $(9+7)-(8+4)=4$ ist.

Die soeben abgeleiteten Teilbarkeitsregeln für 9 und für 11 beruhen darauf, dass diese Zahlen der Basis 10 unsrer Zifferschrift benachbart sind. Ähnliche Regeln müssen sich auch für alle Zahlen ergeben, die den Potenzen von 10 benachbart sind, sowie für alle Teiler solcher Zahlen. Um solche Regeln bequem aussprechen zu können, führen wir den Begriff der n-gliedrigen Quersumme und der alternierenden n-gliedrigen Quersumme ein. Wenn wieder

$$n = a + 10b + 100c + 1000d + 10000e + \dots$$

gesetzt wird, so sind a, b, c, d, e, ... von rechts nach links die Ziffern der Zahl, und unter zweigliedriger Quersumme verstehen wir dann die Summe:

$$(a + 10b) + (c + 10d) + (e + 10f) + \dots$$

Ebenso verstehen wir unter dreigliedriger Quersumme die folgende Summe:

$$(a + 10b + 100c) + (d + 10e + 100f) \\ + (g + 10h + 100i) + \dots$$

u. s. w. Dagegen sollen:

$$(a + 10b) - (c + 10d) + (e + 10f) - \dots$$

bezw.

$$(a + 10b + 100c) - (d + 10e + 100f) \\ + (g + 10h + 100i) - \dots$$

zweigliedrige bezw. dreigliedrige alternierende Quersummen heissen. Mit Benutzung dieser Begriffe kann man die folgenden Restregeln aussprechen:

1) Wenn p ein Teiler von $10^m - 1$ ist, so lässt eine Zahl n, durch p geteilt, denselben Rest wie ihre m-gliedrige Quersumme.

2) Wenn p ein Teiler von $10^m + 1$ ist, so lässt eine Zahl n, durch p geteilt, denselben Rest, wie ihre alternierende m-gliedrige Quersumme.

Es wird genügen, wenn wir diese beiden Regeln je an einem Beispiele beweisen.

Die Zahl 37 ist Teiler von 999, also von $10^3 - 1$. Daher zerlegen wir die Zahl:

$$n = a + 10b + 100c + 1000d + \ldots$$

in:

$$\begin{aligned} n = [&(a + 10b + 100c) + (d + 10e + 100f) \\ &+ (g + 10h + 100i) + \ldots] \\ &+ [999(d + 10e + 100f) \\ &+ 999999(g + 10h + 100i) + \ldots]. \end{aligned}$$

Nun ist der in der zweiten eckigen Klammer stehende Ausdruck sichtlich durch 999 teilbar. Also muss die Zahl n bei der Division durch 999 oder durch einen Teiler von 999, wie es 37 ist, denselben Rest lassen, wie der in der ersten eckigen Klammer stehende Ausdruck, d. h. wie die dreigliedrige Quersumme der Zahl n. Um also zu entscheiden, ob z. B. die Zahl 87189464 durch 37 teilbar ist oder nicht, addieren wir die drei Zahlen 464, 189, 87, erhalten als Summe 740, also eine durch 37 teilbare Zahl. Demgemäss ist auch die Zahl 87189464 durch 37 teilbar.

Um den zweiten der beiden oben ausgesprochenen Sätze an einem Beispiele zu beweisen, beachten wir, dass die Zahl 1001 sowohl 7 als auch 13 zu Teilern hat, und zerlegen demgemäss, behufs Erlangung von Restregeln für 7 und für 13, die Zahl

$$n = a + 10b + 100c + 1000d + \ldots$$

in:

$$\begin{aligned} n = [(a + 10b + 100c) - (d + 10e + 100f) \\ + (g + 10h + 100i) - \ldots] \\ + [1001(d + 10e + 100f) \\ + 999999(g + 10h + 100i) + \ldots]. \end{aligned}$$

Nun ist der in der zweiten eckigen Klammer stehende Ausdruck sichtlich durch 1001, also auch durch 7 oder durch 13 teilbar. Folglich muss jede Zahl n bei der Division durch 7 oder durch 13 denselben Rest lassen, wie ihre dreigliedrige, alternierende Quersumme. Beispielsweise ist 561743 durch 7 und durch 13 teilbar, weil 743 minus 561 zu 182 führt, nnd 182 durch 7 und durch 13 teilbar ist. Um dem Leser die Auffindung der Primzahlen zu erleichtern, für welche derartige Rest- und Teilbarkeitsregeln gültig sind, lassen wir hier die Zerlegung der Zahlen $10^p - 1$ und $10^p + 1$ für p gleich 2 bis p gleich 9 folgen:

$$10^2 - 1 = 3^2 . 11,$$
$$10^3 - 1 = 3^3 . 37,$$
$$10^4 - 1 = 3^2 . 11 . 101,$$
$$10^5 - 1 = 3^2 . 41 . 271,$$
$$10^6 - 1 = 3^3 . 7 . 11 . 13 . 37,$$
$$10^7 - 1 = 3^2 . 239 . 4649,$$
$$10^8 - 1 = 3^2 . 11 . 73 . 101 . 137,$$
$$10^9 - 1 = 3^4 . 37 . 333667;$$

$10^2 + 1 = 101,$
$10^3 + 1 = 7 . 11 . 13,$
$10^4 + 1 = 73 . 137,$
$10^5 + 1 = 11 . 9091,$
$10^6 + 1 = 101 . 9901,$
$10^7 + 1 = 11 . 909091,$
$10^8 + 1 = 17 . 5882353,$
$10^9 + 1 = 7 . 11 . 13 . 19 . 52579.$

Die besprochenen Regeln haben praktische Brauchbarkeit nur für vielziffrige Zahlen. Wie man für Zahlen mit weniger Ziffern Teilbarkeitsregeln finden kann, wollen wir an einigen Beispielen kennen lernen.

1) Für die Zahl 7. Wenn $n = 10a + b$ durch 7 teilbar ist, so muss es auch das Doppelte, also $20a + 2b$ sein, also auch, weil 21 durch 7 teilbar ist, $21a - (20a + 2b) = a - 2b$. Folglich ist eine Zahl n durch 7 teilbar, wenn es $a - 2b$ ist, wo b die Einer sind und a die Zahl ist, die stehen bleibt, wenn man die Einer fortlässt. So ist 882 durch 7 teilbar, weil es $88 - 2 . 2 = 84$ ist. Ferner ist 57568 durch 7 teilbar. Denn 5756 minus 16 ergiebt 5740, ferner $57 - 8 = 49$, eine Zahl, die durch 7 teilbar ist.

2) Für die Zahl 13. Man denke daran, dass die mit 9 endigende Zahl 39 durch 13 teilbar ist, und multipliziere demgemäss $n = 10a + b$ mit 4, und subtrahiere $39a$. Dann kommt $a + 4b$. Folglich ist eine Zahl durch 13 teilbar, wenn es $a + 4b$ ist, wo b die Einer sind und a die Zahl, die, nach Fortlassung der Einer stehen bleibt. So ist 91 durch 13 teilbar,

weil $9 + 4 . 1 = 13$ durch 13 teilbar ist. Ferner ist 1014 durch 13 teilbar. Denn $101 + 4 . 4 = 117$ und $11 + 4 . 7 = 39$.

3) Für die Zahl 17. Man denke daran, dass die mit 1 endigende Zahl 51 durch 17 teilbar ist, multipliziere demgemäss $n = 10a + b$ mit 5, und subtrahiere das erhaltene $50a + 5b$ von $51a$. Dann kommt $a - 5b$. Eine Zahl ist also durch 17 teilbar, wenn es $a - 5b$ ist, wo b die Einer sind und a die Zahl ist, die bei Fortlassung der Einer stehen bleibt.

4) Für die Zahl 19 wird der Leser selbst finden, dass eine Zahl $10a + b$ durch 19 teilbar ist, wenn es $a + 2b$ ist.

5) Für die Zahl 23 findet man leicht, dass eine Zahl $10a + b$ durch 23 teilbar ist, wenn es $a + 7b$ ist.

6) Für die Zahl 29 ergiebt sich, dass eine Zahl $10a + b$ durch 29 teilbar ist, wenn es $a + 3b$ ist.

7) Für die Zahl 31 erhält man leicht die Regel, dass eine Zahl $10a + b$ durch 31 teilbar ist, wenn es $a - 3b$ ist.

Die Zahlentheoretiker haben vorzugsweise die Zahlen, welche um 1 kleiner oder grösser als eine Potenz von 2 sind, daraufhin untersucht, ob sie Primzahlen sind oder nicht. Die Primzahlen, die um 1 kleiner sind, als eine Potenz von 2, sind schon in § 14 bei den vollkommenen Zahlen besprochen. Die Primzahlen, welche um 1 grösser sind, als eine Potenz von 2, treten bei dem Problem auf, einen Kreis mit alleiniger

Anwendung von Zirkel und Lineal in n gleiche Teile zu teilen. Gauss hat nämlich bewiesen, dass dies nur dann gelingt, wenn $n = 2^m . f$ ist, wo f ein Produkt verschiedener Primzahlen ist, die sämtlich um 1 grösser als eine Potenz von 2 sind. Solche Primzahlen sind z. B. 3, 5, 17, 257. Zunächst kann man einsehen, dass $2^a + 1$ nur dann Primzahl sein kann, wenn a keinen ungeraden Primfaktor enthält. Denn wäre $a = u . v$, wo u ungerade ist, so wäre:

$$2^a + 1 = 2^{u . v} + 1 = (2^v)^u + 1.$$

Nun ist aber $c^n + 1$ immer durch $c + 1$ teilbar, wenn c ungerade ist. Also wäre

$$(2^v)^u + 1$$

durch $2^v + 1$ teilbar. Daher kann $2^a + 1$ nur dann Primzahl sein, wenn a eine Potenz von 2 ist. Es fragt sich aber, ob $2^a + 1$ immer Primzahl ist, wenn a eine Potenz von 2 ist. Fermat glaubte dies. Jedoch Euler zeigte, dass

$$2^{32} + 1 = 641 . 6700417$$

ist, also keine Primzahl ist. Euler bewies auch den schon von Fermat ausgesprochenen Satz, dass jeder Primfaktor von $2^p + 1$ notwendig von der Form $n . p + 1$ sein müsse. Euler brauchte daher nicht mit allen Primzahlen die Teilung von $2^{32} + 1$ zu probieren, sondern nur mit solchen, die um 1 grösser sind, als ein Vielfaches von 32. Jetzt wissen wir auch, dass $2^a + 1$ keine Primzahl ist, wenn $a = 2^6$ oder 2^{12} oder 2^{23} oder 2^{36} ist. Es ist nämlich

$$2^{64} + 1 = 274177 . 67'' 280421' 310721.$$

Ferner ist $2^{(2^{12})} + 1$ teilbar durch $7 \cdot 2^{14} + 1$, und $2^{(2^{23})} + 1$ teilbar durch die Primzahl $5 \cdot 2^{25} + 1$. Was $2^{(2^{36})} + 1$ anbetrifft, so ist dies eine Zahl, welche in gewöhnlicher Zifferschrift mit über zwanzigtausend Millionen Ziffern geschrieben werden müsste. Trotzdem konnte Herr Seelhoff in der Schloemilchschen Zeitschrift (Leipzig, 1886, Band 31) beweisen, dass diese Zahl durch die Primzahl $5 \cdot 2^{39} + 1$ teilbar sein müsse. Herr Lucas sprach die Vermutung aus, dass die Fermatsche Behauptung, dass $2^a + 1$ eine Primzahl sei, wenn a eine Potenz von 2 ist, dahin zu berichtigen ist, dass $2^a + 1$ dann eine Primzahl ist, wenn a eine Potenz von 2 ist, deren Exponent eine solche Potenz von 2 ist, dass der Exponent wieder eine Potenz von 2 ist, u. s. w. Wenn diese Vermutung richtig ist, so müsste, da

$$2^{(2^4)} = 65536$$

ist, auch die Zahl

$$2^{65536} + 1$$

eine Primzahl sein, was aber noch nicht bewiesen ist.

Die oben behandelten Restregeln kann man auch zur Aufsuchung von Zahlenkunststückchen verwerten. So führt die Teilbarkeit von $10^3 - 1$, d. h. von 999, sowohl durch 37 als durch 27 zu einem Kunststück, das in folgender Weise ausgesprochen werden kann: A verpflichtet sich, an jede beliebige dreiziffrige Zahl, die ihm B hinschreibt, eine andre dreiziffrige Zahl so hintenanzusetzen, dass die entstandene sechsziffrige Zahl durch 37 teilbar wird und der erhaltene Quotient dann noch durch 27. Ja, A will sogar dem B immer sofort sagen, was er nach dem zweimaligen Dividieren herausbekommt. A macht das so, dass er an die von B gewählte dreiziffrige Zahl diejenige heransetzt, welche sie zu 999 ergänzt, was mühelos geschehen kann. War a die von B hingeschriebene Zahl, so setzt B die Zahl 999 — a heran, sodass die sechsziffrige Zahl:

$$1000a + 999 - a$$

oder:

$$999a + 999 = 999(a + 1)$$

entsteht. Da 999 = 37 . 27 ist, so muss B nach dem zweimaligen Dividieren a + 1 herausbekommen. Hätte also B etwa 738 hingeschrieben, so müsste A die Zahl 261 hinten ansetzen. Wenn dann B die Zahl 738261 durch 37 und das Resultat noch durch 27 dividiert, erhält er 739, also die Zahl, die um 1 grösser ist, als die von B hingeschriebene Zahl 738. A hat also immer nur die von B gewählte Zahl um 1 zu erhöhen, um die Zahl zu erhalten, die nach dem Dividieren herauskommt.

Der Umstand, dass eine Zahl bei der Division durch 99 denselben Rest lässt, wie ihre zweigliedrige Quersumme, kann zu folgendem Kunststück verwertet werden: B soll von beliebig vielen zweiziffrigen Zahlen erstens die Summe bilden, zweitens durch Aneinandersetzen eine grosse Zahl bilden. Von dieser soll er die Summe abziehen, und dann an die erhaltene Differenz eine ganz beliebige zweiziffrige Zahl hinten ansetzen. Dann soll er diese wieder in lauter zweiziffrige Zahlen auflösen und diese zusammenzählen. Sobald A die von B schliesslich erhaltene Summe hört, kann er die von B hinten angesetzte Zahl sofort sagen. B habe sich z. B. 93, 57, 96 notiert. Die Summe beträgt 246, die von 935796 abgezogen werden soll. Dies ergiebt 935550. Nun soll B sich eine beliebige zweiziffrige Zahl ausdenken, die er hinten ansetzt. Er habe 43 gewählt, also die Zahl 93555043 erhalten. Er löst nun diese Zahl auf in 93, 55, 50, 43, addiert diese Zahlen und erhält 241. A hört die Zahl 241, zählt die erste Ziffer zu der aus den beiden letzten Ziffern bestehenden Zahl, und erhält somit $2 + 41 = 43$ als die von B hinten angesetzte Zahl. Zweitens habe sich B die zweiziffrigen Zahlen 83, 74, 45, 38, 17 gewählt, ihre Summe 257 von 8374′453817 abgezogen, somit 8374′453560 erhalten, dann 67 hinten angesetzt, und endlich die Zahlen 83, 74, 45, 35, 60, 67 addiert. Aus der erhaltenen Summe 364 kann A dann durch Addition von 3 zu 64 die von B hinten angesetzte Zahl 67 erraten. Um zu erkennen, wie dies zugeht, bezeichnen wir die von B anfänglich gewählten zweiziffrigen Zahlen in umgekehrter Reihenfolge mit a, b, c, d, ... Dann ist von

$$a + 100\,b + 10000\,c + 1000000\,d + \ldots$$

die Summe

$$a + b + c + d + \ldots$$

zu subtrahieren. Dies ergiebt

$$99\,b + 9999\,c + 999999\,d + \ldots$$

Setzt nun B die zweiziffrige Zahl x hinten an, so erhält er:

$$x + 99\,b + 9999\,c + 999999\,d + \ldots$$

Diese lässt sichtlich den Rest x, wenn man sie durch 99 dividiert. Dasselbe thut aber auch, nach der Restregel für 99, die zweigliedrige Quersumme $x + b + c + d + \ldots$ Um also die von B hinten angesetzte Zahl x zu erhalten, hat man nur von der Summe, die einem gesagt wird, den Rest zu suchen, der bei der Division durch 99 bleibt. Diesen Rest bestimmt man aber am leichtesten wieder durch Nehmen der zweigliedrigen Quersumme, also bei 364 durch Addition von 64 und 3.

§ 20.

Zerlegung einer Zahl in die Summe von zwei oder mehr Quadraten.

Ein tieferes Eindringen in die Eigenschaften der Primzahlen (§ 19) lässt erkennen, dass dieselben in zwei wesentlich verschiedene Gruppen zerfallen, nämlich in diejenigen, welche durch 4 dividiert, den Rest 1 lassen, und diejenigen, welche bei der Teilung durch 4 den Rest 3 übrig lassen. Von den vielen Eigenschaften, durch welche sich diese beiden Gruppen von einander unterscheiden, sei hier nur eine besprochen, die, nach meiner Erfahrung, dem Laien besonders auffällig ist. Diese Eigenschaft besteht darin, dass jede Primzahl, die von der Form $4n + 1$ ist, d. h. bei der Division durch 4 den Rest 1 lässt, die Summe zweier Quadratzahlen ist, und zwar so, dass sie nur auf einerlei Weise als Summe zweier Quadratzahlen dargestellt werden kann, während es keine Primzahl von der Form $4n + 3$ giebt, die die Summe zweier Quadratzahlen wäre. Es folgt hier die Zerlegung aller Primzahlen von der Form $4n + 1$ in die Summe zweier Quadrate aufwärts bis 150:

$$5 = 1^2 + 2^2;\ 13 = 2^2 + 3^2;\ 17 = 1^2 + 4^2;$$
$$29 = 2^2 + 5^2;\ 37 = 1^2 + 6^2;\ 41 = 4^2 + 5^2;$$
$$53 = 2^2 + 7^2;\ 61 = 5^2 + 6^2;\ 73 = 3^2 + 8^2;$$
$$89 = 5^2 + 8^2;\ 97 = 4^2 + 9^2;\ 101 = 1^2 + 10^2;$$
$$109 = 3^2 + 10^2;\ 113 = 7^2 + 8^2;\ 137 = 4^2 + 11^2;$$
$$149 = 7^2 + 10^2.$$

Aus der Zerlegung einer Primzahl von der Form $4n + 1$ in die Summe zweier Quadrate kann man ohne Mühe die Zerlegung des Doppelten dieser Primzahl entnehmen. Denn:

$$(a + b)^2 + (a - b)^2 = a^2 + 2ab + b^2 + a^2 - 2ab + b^2 = 2(a^2 + b^2).$$

Sind also a und b die beiden Zahlen, deren Quadratsumme jene Primzahl ergiebt, so müssen $a + b$ und $a - b$ bezw. $b - a$ die beiden Zahlen sein, deren Quadratsumme das Doppelte der Primzahl darstellt. So schliessen wir aus $53 = 2^2 + 7^2$ sofort, dass $106 = (7 + 2)^2 + (7 - 2)^2 = 9^2 + 5^2$ ist.

Schon oben ist erwähnt, dass keine Primzahl von der Form $4n + 3$ die Summe zweier Quadrate sein kann. Ja, in der Zahlentheorie wird sogar bewiesen, dass auch keine zusammengesetzte Zahl Summe zweier Quadrate sein kann, falls unter ihren Primfaktoren sich einer oder mehrere befinden, die, eine ungerade Anzahl mal vorkommend, von der Form $4n + 3$ sind. Hiermit hängt zusammen, dass jeder Teiler der Summe zweier Quadrate selbst Summe zweier Quadrate sein muss. Es fragt sich hiernach, wie eine zusammengesetzte Zahl beschaffen sein muss, damit sie Summe zweier Quadrate ist. Da, wenn

$$p = a^2 + b^2$$

ist, auch

$$f^2 p = (fa)^2 + (fb)^2$$

sein muss, und da ferner, wie oben gezeigt ist,

$$2(a^2 + b^2) = (a + b)^2 + (a - b)^2,$$

so ergiebt sich, dass eine zusammengesetzte Zahl, damit sie Summe zweier Quadrate sei, folgende Eigenschaften haben muss:

Sie kann die 2 und jede Zahl von der Form $4n + 1$ beliebig oft als Primfaktor enthalten; sie darf aber eine Zahl von der Form $4n + 3$ nur eine gerade Anzahl mal als Primfaktor enthalten. Beispiele:

1) $$666 = 2 . 3^2 . 37 = 2 . 3^2 (1^2 + 6^2) = 3^2 (7^2 + 5^2) = 21^2 + 15^2;$$

2) $$125 = 5^3 = 5^2 (2^2 + 1^2) = 10^2 + 5^2;$$

3) $$59048 = 2^3 . 11^2 . 61 = 2^3 . 11^2 (6^2 + 5^2) = 2^2 . 11^2 (11^2 + 1^2) = 242^2 + 22^2;$$

4) $$49000 = 2^3 . 5^3 . 7^2 = 2^3 . 5^2 . 7^2 (2^2 + 1^2) = 2^2 . 5^2 . 7^2 (3^2 + 1^2) = (2 . 5 . 7 . 3)^2 + (2 . 5 . 7)^2 = 210^2 + 70^2.$$

Dass das Produkt zweier Quadratsummen auf doppelte Weise wieder als Quadratsumme dargestellt werden kann, erkennt man aus der folgenden arithmetischen Umformung:

$$(a^2 + b^2)(c^2 + d^2) = (ac + bd)^2 + (ad - bc)^2$$
$$= (ac - bd)^2 + (ad + bc)^2.$$

Da $5 = 2^2 + 1^2$ und $17 = 4^2 + 1^2$ ist, so muss 85 auf doppelte Weise als Summe zweier Quadrate dargestellt werden können, nämlich entweder als:

$$(2 \,.\, 4 + 1 \,.\, 1)^2 + (2 \,.\, 1 - 1 \,.\, 4)^2 = 9^2 + 2^2$$

oder als:

$$(2 \,.\, 4 - 1 \,.\, 1)^2 + (2 \,.\, 1 + 1 \,.\, 4)^2 = 7^2 + 6^2.$$

Wenn eine Zahl drei Primfaktoren von der Form $4n + 1$ enthält, so lassen sich durch Wiederholung des eben erörterten Verfahrens vier Zerlegungen der Zahl in Quadratsummen bewerkstelligen. Wir nehmen als Beispiel die Zahl

$$2465 = 5 \,.\, 17 \,.\, 29.$$

Da $5 \,.\, 17 = 9^2 + 2^2$ und auch $= 7^2 + 6^2$ ist, und da $29 = 5^2 + 2^2$ ist, so erhalten wir erstens aus:

$$(9^2 + 2^2)(5^2 + 2^2) = (45 + 4)^2 + (18 - 10)^2$$
$$= (45 - 4)^2 + (18 + 10)^2$$

die beiden Zerlegungen:

$$2465 = 49^2 + 8^2 = 41^2 + 28^2.$$

Zweitens erhalten wir aus:

$$(7^2 + 6^2)(5^2 + 2^2) = (35 + 12)^2 + (30 - 14)^2$$
$$= (35 - 12)^2 + (30 + 14)^2$$

die dritte und vierte Zerlegung:

$$2465 = 47^2 + 16^2 = 23^2 + 44^2.$$

So weitergehend, erkennt man, dass, wenn eine Zahl z im ganzen m verschiedene Primfaktoren von der Form

$4n + 1$ enthält, aber keinen Primfaktor von der Form $4n + 3$ eine ungerade Anzahl mal besitzt, die Zahl z auf 2^{m-1}-fache Weise Summe zweier Quadrate ist. Vielleicht interessiert es den Leser, die acht Zerlegungen der Zahl

$$32045 = 5 . 13 . 17 . 29$$

selbst herauszufinden.

Wenn eine Zahl dadurch, dass sie Primfaktoren von der Form $4n + 3$ eine ungerade Zahl mal enthält, nicht Summe zweier Quadrate sein kann, so lässt sie sich wenigstens doch als Summe von drei Quadraten darstellen, ausgenommen, wenn sie, durch 8 geteilt, den Rest 7 lässt, oder, wie man sagt, von der Form $8n + 7$ ist. Z. B.:

$$21 = 1^2 + 2^2 + 4^2;$$
$$33 = 1^2 + 4^2 + 4^2;$$
$$51 = 1^2 + 5^2 + 5^2;$$
$$209 = 1^2 + 8^2 + 12^2;$$
$$686 = 7^2 + 14^2 + 21^2;$$
$$1899 = 9^2 + 27^2 + 33^2.$$

Wenn nun eine Zahl sich weder als Summe zweier Quadrate noch als Summe dreier Quadrate darstellen lässt, also notwendig von der Form $8n + 7$ sein muss, so lässt sie sich wenigstens doch immer als Summe von vier Quadraten darstellen. Z. B.:

$$7 = 1^2 + 1^2 + 1^2 + 2^2;$$
$$15 = 1^2 + 1^2 + 2^2 + 3^2;$$
$$23 = 1^2 + 2^2 + 3^2 + 3^2;$$
$$207 = 1^2 + 5^2 + 9^2 + 10^2.$$

Da man im modernen Verkehrsleben vielfach veranlasst wird, Nummern durchs Auge aufzunehmen, ohne dass der Geist sich unterhalten oder nutzbringend beschäftigen kann, so ist die Zerlegung einer solchen Nummer in zwei, drei oder vier Quadrate eine amüsante Beschäftigung, an die man sich schnell gewöhnt und in der man es durch Übung zu einer grossen Fertigkeit bringen kann. So kann der Verfasser in keinem Eisenbahn-Coupé sitzen, ohne die Nummer des Wagens in der angegebenen Weise in zwei, drei oder vier Quadrate zu zerlegen. Ebenso muss sich jeder Strassenbahn-Schaffner vom Verfasser eine zahlentheoretische Untersuchung gefallen lassen, indem er ihm, natürlich stillschweigend, seine Nummer, wenn möglich als Summe zweier Quadrate darstellt, und, wenn das nicht möglich ist, so doch als Summe von drei oder vier Quadraten.

§ 21.

Abgekürzte Zählungen.

Wenn jemand alle natürlichen Zahlen von 1 bis 100 addieren soll, so thut er sehr unklug, wenn er nacheinander $1 + 2 = 3$, $3 + 3 = 6$, $6 + 4 = 10$ u. s. w. rechnet. Er verfährt kürzer, wenn er erst $1 + 100 = 101$, $2 + 99 = 101$, $3 + 98 = 101$ u. s. w. addiert, somit erkennt, dass er 101 im ganzen 50 mal erhält und demnach 101 mal $50 = 5050$ rechnet. Dieses Verfahren kann man auch auf eine beliebige, arithmetische Reihe anwenden, d. h. auf eine Reihe von Zahlen, von denen jede um gleichviel grösser ist, als die vorhergehende. Ist a die erste, z die letzte der Zahlen, n ihre Anzahl, so ergiebt sich, dass die Summe aller Zahlen gleich dem Produkte ihrer Anzahl n mit der Hälfte der Summe der ersten und letzten ist. Wenn z. B. alle ungeraden Zahlen von 1 bis 99 addiert werden sollen, so berechnet man die Summe einfach dadurch, dass man ihre Anzahl 50 mit der halben Summe von 1 und 99, d. h. mit 50, multipliziert. Man erhält also 2500. Wenn ferner die Zahlen:

3, 7, 11, 15, 19 u. s. w. bis 1899

addiert werden sollen, wo jede folgende Zahl um 4

grösser ist, als die vorhergehende, so bestimmt man zunächst ihre Anzahl, indem man überlegt, dass 3 um 1 kleiner ist als 1 mal 4, 7 um 1 kleiner als 2 mal 4 u. s. w. bis 1899 um 1 kleiner als 1900, d. h. als 475 mal 4. Wir haben also 475 als Anzahl, die Hälfte von $3 + 1899$, also 951 als halbe Summe, erhalten also

$$475 . 951 = 451725$$

als die Summe der Zahlen:

$$3, 7, 11, 15, \ldots \text{ bis } 1899.$$

Von dieser Zählungsmethode kann man z. B. Gebrauch machen, wenn man die Ziegelsteine zählen will, die auf einer trapezartigen Dachfläche liegen. Wenn auf der obersten First a Steine liegen, die unterste Reihe aus b Steinen besteht, während c die Zahl der Reihen, d. h. die Zahl der Steine ist, die auf der schräg nach unten gehenden Seitenkante liegen, so ist c mit der Hälfte von $a + b$ zu multiplizieren, um die Zahl aller Ziegelsteine zu liefern, welche die Dachfläche bedecken.

Dass die Summe aller Zahlen von 1 bis n gleich der Hälfte des Produkts von n mit der nächstfolgenden Zahl $n + 1$ ist, kann man z. B. benutzen, um die Zahl der Einzelschläge zu berechnen, die eine Uhr in 24 Stunden ertönen lässt, wenn dieselbe bloss volle Stunden schlägt. Es ergiebt sich die doppelte Summe der Zahlen von 1 bis 12, also 156. Wenn die Uhr ferner die Zeitpunkte, welche die vollen Stunden halbieren, durch einen Einzelschlag andeutet, so kommen noch 24 Schläge hinzu. Wir erhalten also 180. Wenn ferner, wie es bei Thurm-Uhren bisweilen der Fall ist, „ein viertel“ durch einen Vorschlag, „halb“ durch zwei Vorschläge, „drei viertel“ durch drei Vorschläge, „voll“ durch vier Vorschläge angedeutet wird, so treten für jede Stunde noch $1 + 2 + 3 + 4$ oder 10 Vorschläge hinzu, im ganzen also im Laufe eines Tages 240 Schläge. Daher hört man bei einer solchen Uhr $156 + 240 = 396$ Schläge im Laufe von 24 Stunden.

Für die Summe der n ersten ungeraden Zahlen, d. h. der Zahlen:

$$1, 3, 5, 7, \ldots 2n - 1,$$

ergiebt sich nach unsrer Methode das Produkt von n mit der Hälfte von $1 + (2n - 1)$, d. h. mit n, also das Quadrat von n. Hiervon kann man z. B. Gebrauch machen, um die Strecke zu berechnen, die ein frei fallender Stein in den ersten n Sekunden durchfällt. Ist g die am Schluss der ersten Sekunde erlangte Geschwindigkeit (Beschleunigung), so ist die durchschnittliche Geschwindigkeit in der ersten Sekunde die Hälfte von $0 + g$, also $\frac{1}{2}$ g. Ebenso gross muss also auch der Weg sein, den der Stein in der ersten Sekunde durchfällt, wenn wir uns immer die Benennung Meter hinzudenken. Beim Beginn der zweiten Sekunde beträgt die Geschwindigkeit g, am Schluss derselben $2 \cdot g$, da die Geschwindigkeit in jeder Sekunde um gleichviel wächst. Wir erhalten also $\frac{1}{2}(g + 2g)$, also 3 mal $\frac{1}{2}$ g als durchschnittliche Geschwindigkeit und deshalb auch als Fallraum für die zweite Sekunde. Ebenso ergiebt sich für die dritte Sekunde als durchschnittliche Geschwindigkeit und als Fallraum:

$$\frac{1}{2}(2g + 3g) = 5 \cdot \frac{1}{2}g.$$

So können wir fortfahren bis zur n-ten Sekunde. Wir erhalten also als Summe der Fallräume der ersten n Sekunden:

$$1 \cdot \frac{1}{2}g + 3 \cdot \frac{1}{2}g + 5 \cdot \frac{1}{2}g + \ldots + (2n - 1) \cdot \frac{1}{2}g$$

oder:

$$\frac{1}{2}g\,[1 + 3 + 5 + 7 + \ldots (2n - 1)] = \frac{1}{2}g \cdot n^2.$$

Die abgeleitete Formel für den Fallraum in den ersten n Sekunden gilt nicht bloss für den freien Fall, sondern auch für das Rollen auf einer schiefen Ebene, wenn von Reibung und Luft-Widerstand abgesehen wird, oder überhaupt für jede Bewegung, bei welcher die Geschwindigkeit pro Zeiteinheit um gleichviel wächst oder abnimmt, z. B. auch für die Bewegung eines Eisenbahnzuges, der durch Bremsen zum Anhalten, d. h. zur Geschwindigkeit 0 gebracht wird. Für den freien Fall ist der Geschwindigkeitszuwachs pro Sekunde 9,8 Meter. Wenn z. B. ein von der Höhe der Spitze eines Turmes bis zur Grundfläche herabfallender Stein 4 Sekunden braucht, um zur Erde zu gelangen, so ergiebt sich, dass der Turm

$$\frac{1}{2} \text{ mal } 9{,}8 \text{ mal } 4^2 = \frac{1}{2} \cdot 9{,}8 \cdot 16 = 78{,}4$$

Meter hoch sein muss, wobei allerdings davon abgesehen ist, dass der Widerstand der Luft die Bewegung etwas behindert, also die Zeitdauer etwas grösser werden lässt.

Auch für Haufen von aufgetürmten gleichgrossen Kugeln, wie man sie z. B. in Zeughäusern liegen sieht, kann man abgekürzte Zählungen vornehmen, falls die Haufen bestimmte geometrische Formen annehmen. Der einfachste Fall ist der, dass die Kugeln eine quadratische Pyramide bilden, d. h., dass sie so liegen, dass die oberste Schicht aus einer Kugel besteht, die auf vier quadratisch geordneten Kugeln ruht, dass dann diese zweite Schicht von vier Kugeln auf neun quadratisch geordneten Kugeln liegt u. s. w. bis zur untersten auf dem Erdboden liegenden Schicht, die aus a mal a Kugeln gebildet werde. Um die Kugeln eines solchen Haufens zu zählen, hat man die Formel anzuwenden, welche in der Mathematik für die Summe der Quadratzahlen:

$$s = 1^2 + 2^2 + 3^2 + \ldots + a^2$$

abgeleitet wird. Diese Formel lautet:

$$s = \frac{a(a+1)(2a+1)}{6}.$$

Wenn also z. B. 20 Kugeln an jeder Seite des Quadrats liegen, das die unterste Schicht bildet, so haben wir in dieser Formel $a = 20$ zu setzen, wodurch wir:

$$\frac{20 \cdot 21 \cdot 41}{6} = 10 \cdot 7 \cdot 41 = 2870$$

Kugeln als die Gesamtzahl aller Kugeln des Haufens erhalten.

Wenn allgemeiner die unterste Schicht kein Quadrat, sondern ein Rechteck bildet, in dessen langer Seite b und in dessen kurzer Seite a Kugeln liegen, so muss die oberste Schicht aus einer Reihe von b — a + 1 Kugeln bestehen. Dann ergiebt sich die Gesamtzahl gleich:

$$\frac{1}{6} a (a + 1) (3 b - a + 1).$$

Wenn also z. B. die Seiten der untersten Schicht 7 bezw. 4 Kugeln enthalten, so haben wir $a = 4$, $b = 7$ zu setzen und erhalten:

$$\frac{1}{6} \cdot 4 \cdot 5 \cdot (21 - 4 + 1) = \frac{1}{6} \cdot 4 \cdot 5 \cdot 18 = 60$$

Kugeln. In der That haben wir dann in den vier Schichten von unten nach oben:

$$4 \cdot 7,\ 3 \cdot 6,\ 2 \cdot 5,\ 1 \cdot 4$$

Kugeln, d. h. zusammen:

$$28 + 18 + 10 + 4 = 60.$$

Wenn ferner der rechteckige Kugelhaufen nach oben hin unterbrochen ist, indem die oberste Schicht nicht aus einer Reihe, sondern aus einem Rechteck von Kugeln besteht, so wird der Kugelhaufen von vier Trapezen als Seitenflächen begrenzt, während in dem eben behandelten speziellen Falle zwei Seitenflächen Trapeze und zwei gleichseitige Dreiecke waren. In dem neuen allgemeineren Falle muss ausser den Kugelzahlen in den beiden Rechtecks-Seiten noch eine dritte Zahl bekannt sein. Dies sei die Zahl c der Schichten, die man leicht durch Zählung der Kugeln bestimmen kann, die in den vier Seitenkanten liegen. In diesem allgemeinsten Falle erhält man die Gesamtzahl aller Kugeln aus der Formel:

$$S = a\,b\,c - \frac{c\,(c-1)}{6}\,(3\,a + 3\,b - 2\,c + 1).$$

Ist z. B. b = 7, a = 4, c = 3, so ergiebt sich:

$$S = 7 \,.\, 4 \,.\, 3 - \frac{3 \,.\, 2}{6}\,(12 + 21 - 6 + 1)$$

$$= 84 - 28 = 56.$$

In der That enthalten die 3 Schichten von unten nach oben:

$$4 \,.\, 7,\ 3 \,.\, 6,\ 2 \,.\, 5$$

Kugeln, also zusammen:

$$28 + 18 + 10 = 56.$$

Sei ferner b = 30, a = 10, c = 6. Dann ergiebt unsere Formel:

$$30 \,.\, 10 \,.\, 6 - \frac{6 \,.\, 5}{6}\,(30 + 90 - 12 + 1)$$

$$= 1800 - 5 \,.\, 109 = 1800 - 545 = 1255$$

Kugeln. Wollte man schichtenweise addieren, so hätte man:

$$30 \,.\, 10 + 29 \,.\, 9 + 28 \,.\, 8 + 27 \,.\, 7 + 26 \,.\, 6 + 25 \,.\, 5$$

zu berechnen, was auch 1255 ergiebt.

Soeben haben wir die Kugelhaufen besprochen, deren Schichten die Form eines Quadrats oder eines Rechtecks haben. Die Schichten können aber auch gleichseitige Dreiecke sein. Der einfachste Fall ist dann der, dass der Haufen die Form eines regelmässigen Tetraeders hat. Wenn dann jede Seite des die unterste Schicht bildenden gleichseitigen Dreiecks a Kugeln enthält, so liegen in dieser Schicht:

$$1 + 2 + 3 + \ldots + a$$

Kugeln. Diese Summe ist aber, wie oben gezeigt ist, gleich:

$$\frac{1}{2} \cdot a \cdot (a + 1).$$

Man nennt daher die Zahlen, welche aus $\frac{1}{2} \cdot a \cdot (a + 1)$ hervorgehen, wenn man für a ganze Zahlen einsetzt, Dreieckszahlen. Setzt man, der Reihe nach, die natürlichen Zahlen von 1 an aufwärts in $\frac{1}{2} \cdot a \cdot (a + 1)$ ein, so erhält man nacheinander:

1, 3, 6, 10, 15, 21, 28, 36, 45, 55, 66, 78, ...

Diese Zahlen treten auch in der Kombinationslehre (vgl. § 41) und beim binomischen Lehrsatz auf. Sie sind nämlich bei der Entwickelung von $(a + b)^n$ in eine Summe die Koeffizienten von $a^{n-2} \cdot b^2$. In der Kombinationslehre wird auch gezeigt, dass die Summe s der a ersten Dreieckszahlen:

$$s = \frac{1}{6} \cdot a \cdot (a + 1) \cdot (a + 2)$$

ist. Z. B.:

$$1+3+6=\frac{1}{6}.3.4.5=10;$$

$$1+3+6+10+15+21+28=\frac{1}{6}.7.8.9=84$$

Mit Hilfe dieser Formel kann man nun leicht die Zahlen summieren, welche angeben, wieviel Kugeln in jeder der Schichten eines tetraedralen Kugelhaufens liegen. Es sind nämlich die a ersten Dreieckszahlen zu summieren. Man erhält also genau die oben angegebene Formel, wenn darin a die Zahl der Kugeln in jeder der drei Seiten der untersten Schicht bedeutet. Wenn z. B. $a = 30$ ist, so erhält man:

$$\frac{1}{6}.30.31.32=4960.$$

Wenn allgemeiner die Schichten zwar auch gleichseitige Dreiecke sind, jedoch oben nicht eine Kugel, sondern ein ganzes Dreieck von Kugeln den Haufen abschliesst, so muss noch ausser a eine zweite Zahl gegeben sein, damit die Anzahl der Kugeln bestimmbar sei. Es kann dies entweder die Zahl b der Kugeln in jeder Seite der obersten Schicht sein, oder die Zahl c der Schichten. Dann besteht natürlich zwischen a, b, c der folgende Zusammenhang:

$$c=a-b+1.$$

Um die Zahl der Kugeln eines solchen Haufens zu finden, hat man einfach von der Summe der ersten a Dreieckszahlen die Summe der ersten $b-1$ Dreieckszahlen zu subtrahieren. Man erhält also für die gesuchte Zahl:

$$\frac{1}{6}a(a+1)(a+2)-\frac{1}{6}(b-1)b(b+1).$$

Wenn also z. B. 40 Kugeln in jeder Seite der untersten Schicht, 20 Kugeln in jeder Seite der obersten Schicht liegen, so besteht der ganze Haufen aus:

$$\frac{1}{6}.40.41.42-\frac{1}{6}.19.20.21$$
$$=11480-1330=10150$$

Kugeln.

Oben ist für die Summe der ersten n Quadratzahlen

$$\frac{1}{6}n(n+1)(2n+1)$$

angegeben. Auch für die Summe der ersten n Kubikzahlen:

$$1^3=1,\ 2^3=8,\ 3^3=27,\ 4^3=64,\ldots,n^3$$

lässt sich eine einfache Formel angeben, nämlich:

$$s=1^3+2^3+3^3+\ldots+n^3=\left[\frac{1}{2}n(n+1)\right]^2.$$

Z. B.:

$$1^3+2^3+3^3+\ldots 9^3=45^2=2025.$$

Bei dieser Formel steht innerhalb der eckigen Klammer gerade die Formel für die Summe der ersten n Zahlen. Demgemäss gilt die folgende einfache, schon den alten griechischen Arithmetikern bekannt gewesene Beziehung:

$$(1+2+3+\ldots n)^2=1^3+2^3+3^3+\ldots n^3,$$

d. h. in Worten:

Das Quadrat der Summe der n ersten natürlichen Zahlen ist gleich der Summe ihrer dritten Potenzen, d. h. der n ersten Kubikzahlen.

Man kann sich davon auch praktisch mit Hilfe von gleich grossen Steinchen, etwa Damensteinen, überzeugen. Man legt zunächst in eine Reihe erst einen Stein, dann zwei Steine, dann drei Steine und so fort, bis zu n Steinen. Dann schiebt man die gelegten Steine in eine einzige gerade Linie zusammen und formiert darüber ein vollständig ausgefülltes Quadrat von Steinen. Mit Hilfe aller zu diesem Quadrat verbrauchten Steine kann man dann aber auch gerade n Würfel bauen, indem man erst einen Stein hinlegt, dann einen Würfel von 2 mal 2 mal 2 Steinen baut, dann einen von 3 mal 3 mal 3 Steinen und so fort bis zu dem Würfel, der in jeder Kante n Steine aufweist. Ist z. B. $n = 4$, so braucht man zu dem zuerst formierten Quadrat 10 mal 10 Steine. Andrerseits braucht man zu den vier Würfeln:

$$1^3 + 2^3 + 3^3 + 4^3 = 1 + 8 + 27 + 64 = 100$$

Steine.

§ 22.

Wurzel-Ausziehung im Kopfe.

„Quadratwurzel aus einer beliebigen Zahl" heisst bekanntlich die Zahl, welche, mit sich selbst multipliziert, a ergiebt. Wenn man also die ersten 31 Quadratzahlen:

$$1^2 = 1,\ 2^2 = 4,\ 3^2 = 9,\ 4^2 = 16,\ 5^2 = 25,$$
$$6^2 = 36,\ 7^2 = 49,\ 8^2 = 64,\ 9^2 = 81,\ 10^2 = 100,$$
$$11^2 = 121,\ 12^2 = 144,\ 13^2 = 169,\ 14^2 = 196,$$
$$15^2 = 225,\ 16^2 = 256,\ 17^2 = 289,\ 18^2 = 324,$$
$$19^2 = 361,\ 20^2 = 400,\ 21^2 = 441,\ 22^2 = 484,$$
$$23^2 = 529,\ 24^2 = 576,\ 25^2 = 625,\ 26^2 = 676,$$
$$27^2 = 729,\ 28^2 = 784,\ 29^2 = 841,\ 30^2 = 900,$$
$$31^2 = 961$$

auswendig weiss, so kann man im Kopf die Quadratwurzel aus jeder Zahl ziehen, die höchstens drei Ziffern hat, da das Quadrat von 32, d. h. 1024, schon vier Ziffern hat. Natürlich ist dabei stillschweigend vorausgesetzt, dass die vorgelegte Zahl durch Quadrieren einer ganzen Zahl entstanden ist, d. h. dass die Quadratwurzel-Ausziehung aufgeht. Bei einiger Übung hat man die obigen Quadratzahlen bald im Kopfe. Dieses

Hilfsmittel dient aber auch dazu, die Quadratwurzel aus einer vierziffrigen oder fünfziffrigen Zahl sofort aus dem Kopf sagen zu können. Man hat nämlich ausserdem nur noch daran zu denken, dass das Quadrat einer Zahl, die mit einer 1 oder 9 endigt, immer mit 1 schliesst, dass das Quadrat einer Zahl, die mit 2 oder 8 endigt, am Schluss eine 4 haben muss u. s. w., oder in übersichtlicher Anordnung:

$$(\ldots 1)^2 = \ldots 1; \quad (\ldots 9)^2 = \ldots 1;$$
$$(\ldots 2)^2 = \ldots 4; \quad (\ldots 8)^2 = \ldots 4;$$
$$(\ldots 3)^2 = \ldots 9; \quad (\ldots 7)^2 = \ldots 9;$$
$$(\ldots 4)^2 = \ldots 6; \quad (\ldots 6)^2 = \ldots 6;$$
$$(\ldots 5)^2 = \ldots 5.$$

Eine Quadratzahl kann also nur mit 1, 4, 5, 6 oder 9 schliessen, wenn von dem trivialen Fall $(\ldots 0)^2 = \ldots 0$ abgesehen wird. Wenn also jemand, der die obige Quadratzahl-Tabelle auswendig kann, eine fünfziffrige Zahl vorgelegt wird, so erkennt er aus den ersten drei Ziffern, mit Hilfe jener Tabelle, die ersten zwei Ziffern der gesuchten Quadratwurzel und aus der fünften Ziffer die dritte Ziffer der gesuchten Zahl. Wenn die vorgelegte Zahl mit einer 9 schliesst, so weiss er, dass die letzte Ziffer der gesuchten Quadratwurzel eine 3 oder eine 7 sein muss. Die Entscheidung, ob es 3 oder 7 ist, wird er danach treffen, ob die aus den ersten drei Ziffern bestehende Zahl wenig oder viel grösser ist, als die nächst kleinere Quadratzahl der Tabelle. Wenn z. B. die Quadratwurzel aus

15129

gezogen werden soll, so erkennt man, da 144 die 151 zunächstliegende kleinere Quadratzahl ist, dass die ersten beiden Ziffern 1 und 2 sein müssen. Aus der Schlussziffer 9 erkennt man, dass die dritte Ziffer 3 oder 7 sein muss. Man wird sich für 3 entscheiden, da $12^2 = 144$ wenig unter 151 liegt. Die Quadratwurzel ist also 123.

Wenn ferner die Quadratwurzel aus

16129

gezogen werden soll, so erkennt man wieder 1 und 2 als die beiden ersten Ziffern, und wird sich für 7 als letzte Ziffer entscheiden, da 161 näher an 169, als an 144 liegt.

Endlich wird man als Quadratwurzel aus

44944

die Zahl 212 erkennen, nämlich 21 aus 449 und die Schlussziffer 2 aus der Schlussziffer 4. Sollte man über die Schlussziffer zweifelhaft sein, so kann die Entscheidung auch durch die Neunerprobe (§ 7) leicht getroffen werden. 212 hat als Neunerrest 5, also muss das Quadrat den Neunerrest 25, d. h. 7, haben. In der That hat 44944 den Neunerrest 7, während die konkurrierende Zahl 218 den Neunerrest 2 hat, ihr Quadrat also den Neunerrest 4 haben müsste. Deshalb kann nur 212 und nicht 218 richtig sein.

Ist die vorgelegte Zahl, aus der die Quadratwurzel gezogen werden soll, vierziffrig, so ist die gesuchte Zahl zweiziffrig, und ihre erste Ziffer ist dann aus den ersten beiden Ziffern der vorgelegten Zahl leicht zu entnehmen. So erkennt man als Quadratwurzel aus 8281 mit Leichtigkeit 91, nämlich die 9 aus 82 und dann die Schlussziffer 1 aus der Schlussziffer 1.

Leichter noch ist die Ausziehung der dritten Wurzel oder, wie man auch sagt, der Kubikwurzel aus einer vorgelegten Zahl a. Ist a höchstens sechsziffrig, so hat man ausser den dritten Potenzen der Zahlen von 1 bis 9, also:

$$1^3 = 1;\quad 2^3 = 8;\quad 3^3 = 27;\quad 4^3 = 64;\quad 5^3 = 125;$$
$$6^3 = 216;\quad 7^3 = 343;\quad 8^3 = 512;\quad 9^3 = 729;$$

nur noch die folgende Tabelle sich zu merken:

$$(\ldots 1)^3 = \ldots 1;\quad (\ldots 9)^3 = \ldots 9;$$
$$(\ldots 4)^3 = \ldots 4;\quad (\ldots 5)^3 = \ldots 5;$$
$$(\ldots 6)^3 = \ldots 6;$$
$$(\ldots 2)^3 = \ldots 8;\quad (\ldots 8)^3 = \ldots 2;$$
$$(\ldots 3)^3 = \ldots 7;\quad (\ldots 7)^3 = \ldots 3.$$

Demgemäss hat eine Zahl, die mit

1, 4, 5, 6, 9

endigt, eine Kubikwurzel, die mit derselben Ziffer endigt, während die Kubikwurzel aus einer Zahl, die mit 2 oder 8 endigt, beziehungsweise 8 oder 2 als Schlussziffer hat, und eine Zahl, die mit 3 oder 7 endigt, eine Kubikwurzel hat, die mit 7 bezw. 3 schliesst, was leicht zu merken ist, da 2 und 8 sich, ebenso wie 3 und 7, zu zehn ergänzen. Wenn beispielsweise die Kubikwurzel aus 35937 gezogen werden soll, so erkennt man aus 35 die erste Ziffer 3 und aus der Schlussziffer 7 die zweite Ziffer 3. Also ist 33 die Kubikwurzel. Wenn zweitens die Kubikwurzel aus 592704 zu ziehen ist, so zeigt die Kubikzahl-Tabelle, dass die gesuchte Zahl mit 8 anfangen muss, da $8^3 = 512$ die nächst kleinere Kubikzahl unter 592 ist. Die Schlussziffer muss nach dem obigen Satze auch 4 sein. Also ist 84 die gesuchte Kubikwurzel.

Noch leichter zu finden ist die Schlussziffer der fünften Wurzel aus einer vorgelegten Zahl, weil die fünfte Potenz jeder Zahl dieselbe Schlussziffer hat, wie die Zahl selbst; ein merkwürdiger Satz, dessen Richtigkeit man erkennt, wenn man die fünften Potenzen der Zahlen von 1 bis 9 sich ausrechnet. Um also die fünfte Wurzel aus einer beliebig vorgelegten, höchstens zehnziffrigen Zahl aus dem Kopf angeben zu können, hat man nichts weiter nötig, als die fünften Potenzen der einziffrigen Zahlen auswendig zu wissen. Diese heissen:

$$1^5 = 1;\ 2^5 = 32;\ 3^5 = 243;\ 4^5 = 1024;$$
$$5^5 = 3125;\ 6^5 = 7776;\ 7^5 = 16807;$$
$$8^5 = 32768;\ 9^5 = 59049.$$

Nach dieser Tabelle erkennt man die erste Ziffer der gesuchten fünften Wurzel aus derjenigen Ziffer der gegebenen Zahl, die den letzten fünf Ziffern vorangehen. Die zweite Ziffer der gesuchten Wurzel muss immer mit der Schlussziffer der vorgelegten Zahl übereinstimmen. Beispiele:

1) Fünfte Wurzel aus 11'881376 giebt 26;

2) Fünfte Wurzel aus 1350'125107 giebt 67.

Dieses einfache Verfahren war auch dem zehnjährigen Rechenkünstler Frank bekannt, der vor etwa zwanzig Jahren Deutschland bereiste, und dessen Glanzstück darin bestand, die fünfte Wurzel aus einer beliebig vorgelegten, höchstens zehnziffrigen Zahl sofort angeben zu können.

§ 23.

Einmalige Verwendung jeder Ziffer, um eine bestimmte Zahl darzustellen.

Lucas giebt in seinem Buche „L'arithmétique amusante" (II. Kapitel), das nach seinem Tode von den Herren Delannoy, Laisant und Lemoine herausgegeben ist, sechs Beispiele an, in denen die Zahl 9 als Quotient zweier fünfziffriger Zahlen erhalten wird, dergestalt, dass die zehn Ziffern der beiden Zahlen jede der zehn Ziffern von 0 bis 9, und jede nur einmal, enthalten. Es ist nämlich:

$$9 = \frac{97524}{10836} = \frac{95823}{10647} = \frac{95742}{10638}$$
$$= \frac{75249}{08361} = \frac{58239}{06471} = \frac{57429}{06381}.$$

Ferner giebt er die folgenden sieben Arten an, um die Zahl 100 als gemischte Zahl darzustellen derartig, dass die ganze Zahl sowie der hinzutretende Bruch jede der neun Ziffern von 1 bis 9, und jede nur einmal, enthalten, nämlich:

$$100 = 91 + \frac{5742}{638} = 91 + \frac{7524}{836} = 91 + \frac{5823}{647}$$
$$= 94 + \frac{1578}{263} = 96 + \frac{2148}{537} = 96 + \frac{1428}{357}$$
$$= 96 + \frac{1752}{438}.$$

Ich weiss nicht, ob derartige Zahl-Darstellungen durch vorgeschriebene Ziffern je eine mathematische Behandlung erfahren haben. Ich glaubte jedoch, diese Lucasschen Beispiele meinen „Mathematischen Mussestunden“ einverleiben zu müssen, weil möglicherweise Leser derselben zu einer mathematischen Behandlung solcher Probleme oder zur Auffindung von mehr Beispielen angeregt werden.

§ 24.

Bezahlungs-Möglichkeiten.

Vor etwa zehn Jahren wurde der Verfasser als Sachverständiger zur Entscheidung einer Wette herangerufen, die in Hamburger Börsenkreisen entstanden war. A hatte behauptet, dass die Anzahl der Möglichkeiten, 1 Reichsmark in deutscher Reichsmünze zu bezahlen, einige Tausend betragen müsse. B hatte behauptet, dass diese Anzahl kleiner als tausend sei. A hatte Recht, denn die Anzahl beträgt 4563. Gelegentlich dieser Entscheidung beschäftigte sich der Verfasser überhaupt mit der Frage nach der Anzahl der Möglichkeiten, eine vorgeschriebene Geldsumme in vorgeschriebener Münze zu bezahlen. Einige von den Resultaten des Verfassers mögen hier Platz finden.

Wenn nur Einpfennig-Stücke gestattet sind, so lässt sich selbstverständlich jede Anzahl von Pfennigen nur auf einerlei Weise bezahlen. Wenn ausser Einpfennig-Stücken auch Zweipfennig-Stücke erlaubt sind, so lassen sich 10 mal n Pfennige auf so vielerlei Arten bezahlen, wie der Ausdruck

$$5n + 1$$

ergiebt. Dagegen lässt sich eine Summe von $10n - 5$ Pfennigen auf so viel Arten bezahlen, wie sich aus

$$5n - 2$$

ergiebt. Beispielsweise lassen sich 40 Pfennig auf $(5 \cdot 4 + 1)$-fache Weise bezahlen, wie man auch leicht ohne Formel erkennen kann. Denn es können bei der Bezahlung 0, 1, 2, 3 u. s. w. bis 20 Zweipfennig-Stücke gegeben und der Rest dann durch Einpfennig-Stücke beglichen werden. Wenn aber 45 Pfennig zu zahlen sind, so erhält man aus $5n - 2$, dass $5 \cdot 5 - 2$ oder 23 Möglichkeiten vorhanden sind. Denn die Zahl der zur Zahlung verwandten Zweipfennigstücke kann 0, 1, 2, 3 u. s. w. bis 22 betragen.

Weiter fand der Verfasser, dass, wenn Einpfennig-, Zweipfennig- und Fünfpfennig-Stücke gestattet sind, sich eine Summe von 10 mal n Pfennigen auf soviel Arten bezahlen lässt, wie der Ausdruck:

$$5n^2 + 4n + 1$$

angiebt. Hier ergiebt sich für die Bezahlung von 40 Pfennig schon:

$$5 \cdot 4^2 + 4 \cdot 4 + 1 = 97$$

als die Anzahl der Möglichkeiten. Natürlich ergiebt der soeben angegebene Ausdruck auch, auf wievielfache Weise eine Summe von n Mark durch Zehn-, Zwanzig- und Fünfzig-Pfennigstücke bezahlt werden kann. So folgt für $n = 10$, dass sich eine Summe von 10 Mark auf 541-fache Weise zahlen lässt, wenn nur die eben genannten drei Münzsorten zur

Zahlung verwandt werden sollen. Ebenso ergiebt der Ausdruck:

$$5n^2 + 4n + 1$$

die Zahl der Möglichkeiten, 10 mal n Mark zu bezahlen, wenn nur Markstücke, Zweimarkstücke und Fünfmarkstücke verwandt werden dürfen.

Um eine bequemere Schreibweise der weiteren Bezahlungsformeln zu ermöglichen, führen wir für die in der Kombinationslehre (§ 41) auftretenden Zahlen:

$$m, \frac{1}{2} m (m - 1), \frac{1}{6} m (m - 1) (m - 2),$$

$$\frac{1}{24} m (m - 1) (m - 2) (m - 3),$$

$$\frac{1}{120} m (m - 1) (m - 2) (m - 3) (m - 4),$$

$$\frac{1}{720} m (m - 1) (m - 2) (m - 3) (m - 4) (m - 5)$$

beziehungsweise die Abkürzungen

$$m_1, m_2, m_3, m_4, m_5, m_6$$

ein, so dass also z. B.:

$$3_2 = \frac{3 . 2}{2} = 3; \; 7_2 = \frac{7 . 6}{2} = 21; \; 10_2 = \frac{10 . 9}{2} = 45;$$

$$5_3 = \frac{5 . 4 . 3}{6} = 10; \; 8_3 = \frac{8 . 7 . 6}{6} = 56;$$

$$11_3 = \frac{11 . 10 . 9}{6} = 165;$$

$$6_4 = \frac{6 . 5 . 4 . 3}{24} = 15; \; 9_4 = \frac{9 . 8 . 7 . 6}{24} = 126;$$

$$10_5 = \frac{10.9.8.7.6}{120} = 252;$$

$$11_5 = \frac{11.10.9.8.7}{120} = 462;$$

$$12_6 = \frac{12.11.10.9.8.7}{720} = 924$$

ist.

Ferner wollen wir die Münzen, welche den Wert von a Pfennigen haben, durch die römische Ziffer für a ausdrücken, so dass also alle Reichsmünzen von einem Pfennig bis zu einer Mark aufwärts durch die Zeichen:

I, II, V, X, XX, L, C

wiedergeben werden.

Mit Hilfe dieser Abkürzungen lassen sich die weiteren Bezahlungs-Resultate kurz so aussprechen:

1) In I, II, V und X lassen sich 10 mal n Pfennig auf so viel Arten bezahlen, wie:

$$1 + 10\,n_1 + 19\,n_2 + 10\,n_3$$

angiebt. Beispiel: 50 Pfennig lassen sich in I, II, V, X auf

$$\begin{aligned} & 1 + 10.5_1 + 19.5_2 + 10.5_3 \\ = & 1 + 10.5 + 19.10 + 10.10 \\ = & 341 \end{aligned}$$

Arten bezahlen.

2 a) In I, II, V, X, XX lassen sich 20 mal n Pfennige auf so viele Arten bezahlen, wie:

$$1 + 40\,n_1 + 155\,n_2 + 196\,n_3 + 80\,n_4$$

angiebt. Beispiel: 80 Pfennige lassen sich in den fünf Münzsorten von Einpfennig-Stücken bis zu Zwanzigpfennig-Stücken auf so vielerlei Weise bezahlen, wie:

$$\begin{aligned} & 1 + 40 \,.\, 4_1 + 155 \,.\, 4_2 + 196 \,.\, 4_3 + 80 \,.\, 4_4 \\ = {} & 1 + 40 \,.\, 4 + 155 \,.\, 6 + 196 \,.\, 4 + 80 \,.\, 1 \\ = {} & 1 + 160 + 930 + 784 + 80 \\ = {} & 1955 \end{aligned}$$

angiebt. Dieselbe Zahl 1955 giebt natürlich auch an, auf wie vielfache Weise sich 80 Mark bezahlen lassen, wenn zur Bezahlung nur die fünf Münzsorten von Einmark-Stücken bis zu Zwanzigmark-Stücken verwendet werden sollen. Dabei sind die Thaler, als nicht in das Münz-System des deutschen Reiches hineinpassend, ausgeschlossen.

2 b) In I, II, V, X, XX lassen sich 20 mal n Pfennige minus 10 Pfennige auf soviel Arten bezahlen, wie:

$$11\, n_1 + 87\, n_2 + 156\, n_3 + 80\, n_4$$

angiebt. Beispiel: 70 Pfennig lassen sich in den sechs Münzsorten von Einpfennig-Stücken bis zu Zwanzigpfennig-Stücken auf soviel Arten bezahlen, wie:

$$\begin{aligned} & 11 \,.\, 4_1 + 87 \,.\, 4_2 + 156 \,.\, 4_3 + 80 \,.\, 4_4 \\ = {} & 11 \,.\, 4 + 87 \,.\, 6 + 156 \,.\, 4 + 80 \,.\, 1 \\ = {} & 44 + 522 + 624 + 80 \\ = {} & 1270 \end{aligned}$$

angiebt.

3) In I, II, V, X, XX, L lassen sich 100 mal n Pfennige auf soviel Arten bezahlen, wie der Ausdruck:

$$1 + 4561\, n_1 + 59995\, n_2 + 199450\, n_3$$
$$+ 244000\, n_4 + 100000\, n_5$$

angiebt. Beispiel: Durch Einsetzen von $n = 3$ kann man schliessen, dass sich 30 Mark in den sechs Münzsorten von Zehnpfennig-Stücken bis Fünfmark-Stücken, mit Ausschluss der Thalerstücke, so oft zahlen lassen, wie:

$$1 + 4561 \,.\, 3_1 + 59995 \,.\, 3_2 + 199450 \,.\, 3_3$$
$$+ 0 + 0$$
$$= 1 + 4561 \,.\, 3 + 59995 \,.\, 3 + 199450 \,.\, 1$$
$$= 1 + 13683 + 179985 + 199450$$
$$= 393119$$

angiebt.

4) In I, II, V, X, XX, L, C lassen sich 100 mal n Pfennige auf soviel Arten bezahlen, wie der folgende Ausdruck angiebt:

$$1 + 4562\, n_1 + 64556\, n_2 + 259445\, n_3$$
$$+ 443450\, n_4 + 344000\, n_5 + 100000\, n_6.$$

Beispiel: Wir setzen $n = 5$ und erhalten das Resultat, dass sich 5 Mark durch die sieben Münzsorten von Einpfennig-Stücken aufwärts bis zu Mark-Stücken so oft bezahlen lassen, wie die folgende Zahl angiebt:

$$1 + 4562 \,.\, 5_1 + 64556 \,.\, 5_2 + 25944 \,.\, 5_3 + 443450 \,.\, 5_4 + 344000 \,.\, 5_5 + 0$$

$$= 1 + 4562 \,.\, 5 + 64556 \,.\, 10 + 259445 \,.\, 10 + 443450 \,.\, 5 + 344000 \,.\, 1$$

$$= 1 + 22810 + 645560 + 2594450 + 2217250 + 344000$$

$$= 5'824071.$$

In den besprochenen Bezahlungs-Aufgaben haben wir den Thaler, d. h. die 3 Mark geltende Münzsorte, ganz ausser Acht gelassen, weil bei Berücksichtigung dieser Münzsorte die Formeln und die Berechnungen sehr viel komplizierter werden. Dies liegt daran, dass unser deutsches Münz-System auf der Basis Zehn unserer Zifferschrift beruht, und daher ausser 10 nur noch die Teiler 2 und 5 von 10 berücksichtigt. Daher werden nur solche Stücke neu geprägt, deren Wert:

1, 2, 5; 10, 20, 50; 100, 200, 500; 1000, 2000

Pfennige beträgt. Der Thaler, der 300 Pfennige Wert hat, passt also in dieses System nicht hinein, was sich mathematisch durch die Kompliziertheit der Bezahlungsformeln geltend macht, welche sich darauf beziehen, dass ausser in den oben genannten Münzen, auch in Thalern bezahlt werden darf.

Zum Schluss sei noch folgendes erwähnt. Obwohl zur Bezahlung von 1 Mark in den sieben Münzsorten von Einpfennig-Stücken bis zu Mark-Stücken nur 4563 Möglichkeiten vorhanden sind, steigt diese

Anzahl der Möglichkeiten mehr an, als der Laie ahnt, sobald die Geldsumme, die zu bezahlen ist, grösser wird. So ergeben sich für die Bezahlung einer Summe von 20 Mark in denselben sieben Münzsorten schon über 11 Milliarden Möglichkeiten, nämlich genau:

11666'015431.

Herrosé & Ziemsen, Gräfenhainichen.

Im Verlage der **G. J. Göschen'schen Verlagshandlung** in **Leipzig** erscheint:

„Sammlung Schubert,"

Ein Lehrgang der gesamten Mathematik in selbständigen Einzeldarstellungen,

die auf wissenschaftlicher Grundlage beruhen,
den Bedürfnissen des Praktikers Rechnung tragen
und
durch eine leicht fassliche Darstellung des Stoffs auch für den Nichtfachmann verständlich sind.

Die Redaktion des Ganzen liegt in den bewährten Händen des Herrn Professor Dr. Hermann Schubert in Hamburg, mit dessen Hilfe es gelungen ist, zur Ausführung des weitangelegten Unternehmens eine stattliche Reihe namhafter Mathematiker zu gewinnen, die teils den Universitätskreisen, teils den Kreisen der höheren Schulen, teils der Praxis angehören.

Jeder Band umfasst zwischen 8 und 24 Druckbogen in Oktav und kostet gebunden ca. 20—25 Pf. pro Bogen.

Ausführliche Prospekte unberechnet und postfrei.

MIX
Papier | Fördert gute Waldnutzung
FSC® C083411

Zeitfracht Medien GmbH
Ferdinand-Jühlke-Straße 7
99095 Erfurt, Deutschland
produktsicherheit@kolibri360.de